いちばん
やさしい

ベイズ
統計入門

「結果」から
「原因」を
探し出す

佐々木 淳

海上自衛隊数学教官

SB Creative

はじめに

　「ベイズ統計」は、英国の数学者トーマス・ベイズ（1702〜1761年）が提唱した統計で、「主観的な確率」も柔軟に利用できるのが特徴です。

　この柔軟性が逆に多くの科学者に好まれず、200年以上もの長い年月、冬の時代を迎えることになります。

　しかし、時代はベイズ統計を忘れていませんでした。

　むしろ時代が進むにつれ、その柔軟性により、活用の幅が広がっていきました。

　現代におけるベイズ統計の応用は、スパムメールの判定からビッグデータの分析まで、枚挙にいとまがありません。

　私たちが普段接する従来の統計学には「データ」が必要です。データがない状態では「議論できない」のです。

　これに対してベイズ統計は、事前のデータがない状態でも、仮定しつつ議論を進め、情報を得ながら確率を更新していける強みがあります。

　また、ベイズ統計は、結果から原因、未来から過去を探る際にも活躍します。

　つまり、ベイズ統計は歴史的にも計算の上でも、「未来が過去をつくる」分野なのです。

　このような冬の時代を経緯に持つ学術分野は、何もベイズ統計だけではありません。

　近年、急激に台頭してきたAI（Artificial Intelligence：人工知能）も、かつて2度の冬の時代を経て、輝かしい現在を迎えています。

　申し遅れました。
　私は防衛省海上自衛隊で、パイロット候補生である航空学生の数学教官をしています。
　学生の中には、数学を苦手とする者もいますが、単元を絞って学習していき、苦手意識を克服した学生も数多くいます。
　「過去の苦手は、いつでも書き換えることができる」ことを、私は学生を通して何度も教えられました。
　本書はベイズ統計をはじめて学習する方、過去にベイズ統計の学習を意気込んだものの保留としていた方、確率・統計を苦手とする方を対象としています。
　そのため、単元・エッセンスを絞って紹介するベイズ統計入門の入門書です。
　ベイズ統計をはじめて学習する方には「記号」と「条件付き確率」という2つのとっつきにくい壁があります。
　特に「条件付き確率」は、直感的に理解しにくいのが大きな壁です。
　そこで本書は、この2つの壁に対してイメージしやすい具体例を用いて図解しつつ、詳細に解説を加えていきました。
　本書を読み進めていくことで、少しずつベイズ統計に必要な記号とイメージ、そしてエッセンスが身につくように配慮しています。

●「過去を書き換える」ベイズ統計

「すべての過去は書き換えられる」
「未来が過去をつくる」

　これは宇宙物理・理論物理学者の佐治晴夫氏の言葉です。
　「過去は変えられない。変えられるのは未来だけだ」と思っていた私には衝撃でした。
　テレビ番組などで過去の失敗体験を生き生きと話す有名な方がいますが、それは未来を変えることで過去を書き換えた結果なのでしょう。つらかった過去や失敗体験が、今につながる「導線」へと編集されたのです。
　このように未来を変えることで、消してしまいたいほどつらい過去を輝かしい思い出に変えていった人が、私たちの周りには数多くいます。もしかすると、この過程を克服と呼ぶのかもしれません。
　中学受験、高校受験、大学受験と、受験ではことごとく不合格を経験した私に、佐治晴夫氏の言葉は未来に向かうための勇気を何度も与えてくれました。そしてこの言葉は、勇気を与えるのみではなく、実際に数学としても成り立ちます。

　すべての過去を書き換えられる数学──それが、本書でお伝えするベイズ統計です。
　本書で過去を書き換えていきましょう。

2020年12月　佐々木 淳

いちばんやさしい ベイズ統計入門

本文デザイン・組版：クニメディア株式会社
イラスト：伊藤ハムスター、クニメディア株式会社
校正：曽根信寿

第1章

「ベイズ統計」って
何だろう？

ベイズ統計は、結果から原因を探る「ベイズの定理」を
もとにした統計です。近年、少しずつ耳にするようにな
りましたが、ベイズの定理自体は18世紀からあるもの
です。本章では、「統計分析の前に必要なこと」、「統計
に必要な入門知識」を確認しつつ、ベイズ統計、そして
ベイズ統計と従来の統計との違いを解説していきます。

　私たちの周りにはさまざまなデータがあります。「テレビの視聴率」「テストの平均点」「大学受験時に利用する偏差値」「降水確率」「マンションの最多販売価格帯、販売価格帯」「都道府県別預金残高」などなど、枚挙にいとまがありません。これらのデータを利用して、現状を把握・分析して未来につなげるのが**統計**です。

テレビの視聴率

大学受験時に
利用する偏差値

テストの平均点

降水確率

マンションの最多販売価格帯、
販売価格帯

データを収集

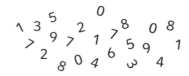

↓

データを修正

テストの点数（100点満点）

| … | 70 | 64 | 168 | … |

おかしい

↓

データを視覚化

| … | 70 | 64 | 68 | … |

↓

データの解析

視覚化（ヒストグラム）

↓

結果・教訓

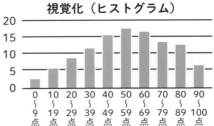

統計を利用するとき、前段階でしなければならない大事なことがあります。

　それは、データをきれいに集計し、視覚化（見える化）することです。

　私たちが普段扱うデータには、「抜け」や「間違い」があるものです。このようなデータを「汚いデータ」ということもあります。汚いデータから、求めたい結果は得られません。そこで、データをきれいに集計し、「視覚化（見える化）」する必要があります。統計はあくまでツールであり、目的ではありません。目的達成のために、まずデータをきちんとそろえる必要があります。

まとめ

・統計は現状を把握して分析し、未来につなげる

・「汚いデータ」から、求めたい結果は得られない

・データは「視覚化（見える化）」する

基礎知識 ② 「ベイズ統計」は 変化する確率を扱う

次のようなクイズがあったとしましょう。

クイズ

右の6つの□に、2〜7の
すべての数字を1つずつ入
れて筆算を完成させなさい。

$$
\begin{array}{r}
9\square\square\square \\
\times5 \\
\hline
\square\square18\square
\end{array}
$$

ノーヒントでの<u>正解率</u>が40％だったとします。そこで、もう
少しヒントを出していきましょう。

ヒント1は、「いちばんはじめに
わかる□は、右下の青の□」です。
このヒントで正解率が50％に上昇
したとします（□の候補：2、3、4、
5、6、7）。
　ヒント1で答えを求められた人も
いると思いますが、まだ求められ
ない人もいるでしょう。

ヒント1

$$
\begin{array}{r}
9\square\square\square \\
\times5 \\
\hline
\square\square18\square
\end{array}
$$

ヒント2

```
      9 □ □ □
  ×         5
  □ □ 1 8 5
```

そこで次のヒント2を出します。「先ほどの青い□は5」です。

このヒント2で正解率が55％に上昇したとします（□の候補：2、3、4、6、7）。

ヒント2で答えを求められる人がいると思いますが、まだ求められない人もいるでしょう。

ヒント3

```
      9 □ □ 7
  ×         5
  □ □ 1 8 5
```

そこで次のヒント3を出します。「右上の□の数字は7」です。

このヒント3で正解率が70％に上昇したとします（□の候補：2、3、4、6）。

ヒント3で答えを求められる人がいると思いますが、まだ求められない人もいるでしょう。

ヒント4

```
      9 □ 3 7
  ×         5
  □ □ 1 8 5
```

そこで次のヒント4を出します。「数字7の隣の数字は3」です。

このヒント4で正解率が80％に上昇したとします（□の候補：2、4、6）。

ヒント4で答えを求められる人がいると思いますが、まだ求められない人もいるでしょう。

そこで次のヒント5を出します。「左下の左□の数字は4」です。

このヒントで正解率が95％に上昇したとします（□の候補：2、6）。

ヒント5

$$\begin{array}{r} 9\Box37 \\ \times\quad\quad 5 \\ \hline 4\Box185 \end{array}$$

そして、これらのヒントで最終的に右の答えにたどり着いたとしましょう。

正解

$$\begin{array}{r} 9237 \\ \times\quad\quad 5 \\ \hline 46185 \end{array}$$

このクイズのように、ヒントを1つずつ追加することで正解率が上がっていく状況は、テレビのクイズ番組などでよく見かけます。

正解率という確率は、状況によって刻一刻と変わっていきます。このような状況を扱うのが**ベイズ統計**のイメージです。なお、今回のように、得られるデータによって確率を更新することを**ベイズ更新**といいます。

本書で紹介していくベイズの定理はこのように、**変化していく確率**をとらえていきます。今回のようにヒントをもらう前の正解率を**事前確率**、ヒントをもらった後で上昇した正解率を**事後確率**といいます。

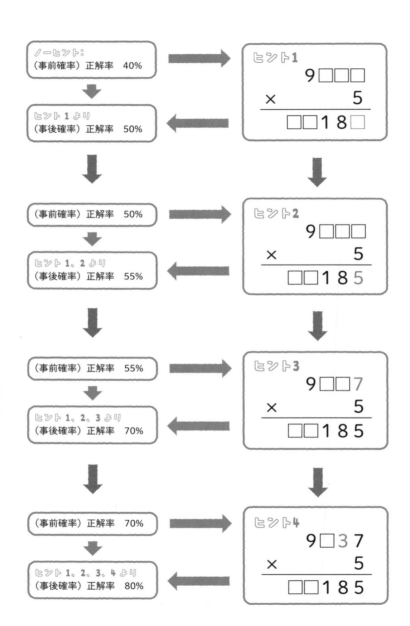

ノーヒント:
（事前確率）正解率　40%

ヒント1より
（事後確率）正解率　50%

（事前確率）正解率　50%

ヒント1、2より
（事後確率）正解率　55%

（事前確率）正解率　55%

ヒント1、2、3より
（事後確率）正解率　70%

（事前確率）正解率　70%

ヒント1、2、3、4より
（事後確率）正解率　80%

ヒント1

```
    9 □□□
  ×        5
  □□ 1 8 □
```

ヒント2

```
    9 □□□
  ×        5
  □□ 1 8 5
```

ヒント3

```
    9 □□ 7
  ×        5
  □□ 1 8 5
```

ヒント4

```
    9 □ 3 7
  ×        5
  □□ 1 8 5
```

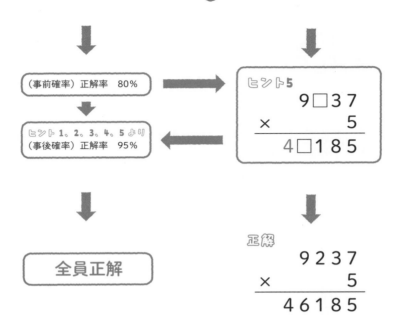

(事前確率) 正解率 80%

ヒント 1。2。3。4。5 より
(事後確率) 正解率 95%

ヒント5

$$9\square37$$
$$\times5$$
$$4\square185$$

全員正解

正解

$$9237$$
$$\times5$$
$$46185$$

まとめ

・変化する確率を扱うのが「ベイズ統計」
・得られるデータによって確率を更新するのが「ベイズ更新」
・ヒントをもらう前の正解率は「事前確率」、もらった後の正解率は「事後確率」(この例の場合)

統計の用語

現在、さまざまな場面で応用され、必須となっているのが**統計学**です。統計学には、さまざまな用語があります。ここでは、具体例とセットで用語を押さえていきましょう。

統計でよく使う用語といえば**データ**ですが、データは**資料、実験や観察**などによって得られた**事実や科学的な数値**を指します。数値だけではなく、事実もデータに含まれます。統計調査の対象となるデータのもとになっている人やモノの集まりを**母集団**といいます。

データの細かい分類は後で紹介していきますが、具体例として点数、身長、体重、年収などが挙げられます。例えば日本人全体の平均身長を知りたいと思ったら、日本人全体が母集団になります。全人類の平均身長を知りたいと思ったら、人類全体が母集団です。3年1組の生徒の数学の平均点を知りたいと思ったら、3年1組の生徒が母集団です。

日本人の平均身長や人類全体の平均身長など、規模が大きい量を調べるのは困難なことが想像できますね。そこで統計の技術を利用します。

平均身長なら、日本人の一部の人をランダムに抽出して調べ、予想する方法がありそうです。ここで、抽出した一部の人を**標本**、英語で**サンプル（sample）**といいます。商品を買うときに「試供品」や「無料お試しセット」を使ってみて、良ければ購入するということがよくあると思いますが、この試供品や無料お

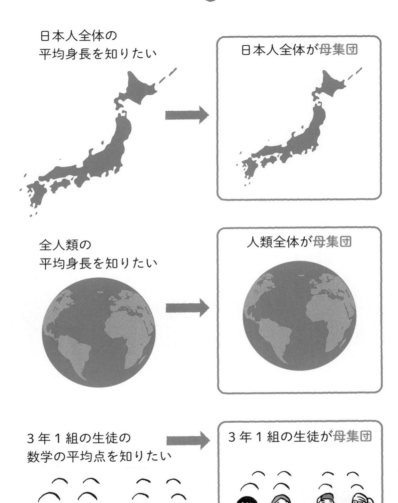

日本人全体の
平均身長を知りたい

日本人全体が母集団

全人類の
平均身長を知りたい

人類全体が母集団

3年1組の生徒の
数学の平均点を知りたい

3年1組の生徒が母集団

試しセットがサンプルに当たります。お味噌汁やスープの味見も標本（サンプル）ですね。

　ただし、抽出された標本（サンプル）が偏ってしまっては、正確な予想などができません。そのため、抽出の方法は偏らないようにする必要があります。偏らないように抽出することを無

日本人全体の
平均身長を
調べるのは困難

一部を抽出

標本（サンプル）

商品

一部を抽出

試供品（サンプル）

作為抽出、英語でランダムサンプリング（random sampling）と
いいます。

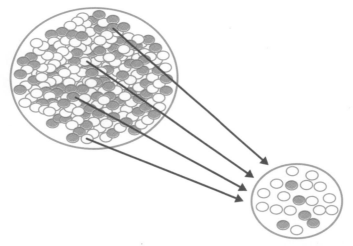

偏りがないように抽出

まとめ
・もとになる統計調査対象（人、モノ）の集まりが「母集団」 ・全体から一部を抽出したものが「標本（サンプル）」 ・偏らないように標本（サンプル）を抽出するのが「無作 　為抽出（ランダムサンプリング）」

統計の「最前線」はコンビニ！

●「汚いデータ」は使い物にならない

　私はコンビニエンスストア（以下コンビニ）でアルバイトをしていたことがあります。

　コンビニには「売上1位」のものが陳列されています。一番売れるものを差し置いて、人気や売上が2位以下の商品をわざわざ置いたりはしません。コンビニはデータ上、私たちが「一番欲しい」商品を陳列しているのです。

　それでは、売れている商品をどうやって調べているのでしょうか？　それには、商品についているバーコードが使われています。

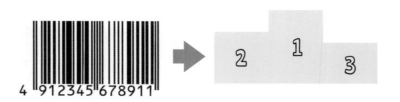

　ただし、売れている商品も「どの世代に売れているのか」で、売る場所が変わってきます。売れている世代をどのように把握しているのでしょうか？

　例えば、コンビニのレジには、次図のように「年齢のボタン」があります。コンビニで決済するときは、店員さんがこのボタ

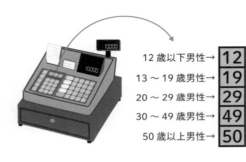

12歳以下男性→ **12** | **12** ←12歳以下女性
13～19歳男性→ **19** | **19** ←13～19歳女性
20～29歳男性→ **29** | **29** ←20～29歳女性
30～49歳男性→ **49** | **49** ←30～49歳女性
50歳以上男性→ **50** | **50** ←50歳以上女性

ンを押さないと決済ができません。このボタンから手に入る
データで顧客情報を把握しているのです。

　しかし、この顧客情報の取り方には問題がありました。

　お客さんが「19歳なのか20歳なのか？」「12歳なのか13歳な
のか？」は、一瞬では判断できません。だからといって、コン
ビニの店員さんがお客さんに年齢を聞くことはしません。しか
し、判断しないと決済はできません。そのため、「とりあえず
ボタンを押す」ということもよくあると考えられます。また、
面倒くさがって、いつも決まったボタンを押す店員さんがいる
かもしれません。そうなると確実なデータになりません。

　実際、検証したところ、正解率は2～3割程度であることが
判明しました。これは、データとしては怪しいところ、つまり
得られるデータは「きれいなデータ」ではなく「汚いデータ」だっ
たのです。

　ではなぜ、正解率がわかったのでしょうか？

それは、コンビニに**電子マネー**や**ポイントカード**が導入され
ることになったからです。電子マネーやポイントカードには個
人情報が記録されているので、これらをスキャンすることで、
確実な顧客情報が取れるようになったのです。

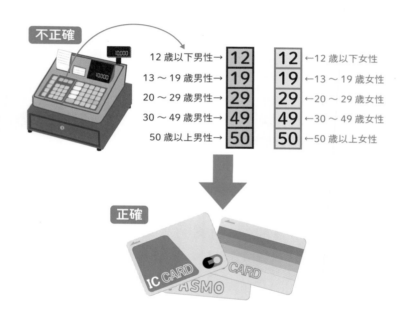

不正確	
12 歳以下男性→ 12	12 ←12 歳以下女性
13 〜 19 歳男性→ 19	19 ←13 〜 19 歳女性
20 〜 29 歳男性→ 29	29 ←20 〜 29 歳女性
30 〜 49 歳男性→ 49	49 ←30 〜 49 歳女性
50 歳以上男性→ 50	50 ←50 歳以上女性

正確

IC CARD　CARD　PASMO

まとめ

・電子マネーやポイントカードの普及で、顧客の正確な情
　報を得られるようになった

「統計の基礎」は
すでに身についている？

　統計の手順は、まずは仮説（予想）を立ててデータを集め、
実証するように分析し、結果を導きます。

| 仮説（予想） | ➡ | データ収集など | ➡ | 結果 |

　このように書くととても難しそうなイメージですが、この統
計の手順は、多くの人が「小学生」のころにやっています。

　それは、多くの小学生が夏休みの自由研究として課せられる
「アサガオの観察日記」です。「アサガオの観察日記」は、統計
の要素が詰まっている「ダイジェスト版」です。

アサガオを育てるためにはどうすればよいのでしょうか？
植物を育てるためには、まず水と日光と肥料が必要です。この
仮説を学校で学びます。

　そして、仮説をもとに毎日データを収集して絵日記にします。
1日1日過ぎるごとにアサガオのデータが集まり、アサガオの
性質が見えてきます。
　日光が当たる日なたと、日光が当たらない日陰ではアサガオ
の成長度合いが違う、水をあげる場合とあまりあげない場合で
成長度合いが違う、肥料が十分な場合と少ない場合で成長度合
いが違う、という具合です。
　学校で学んだ知識を仮説として、実際に「アサガオ」を育て
て検証します。先生に教わったことを確認するのです。
　こうやって分析したデータを、その他の植物にも応用してい
きます。「アサガオで成り立つことは、ヒマワリやチューリッ
プでも成り立つのでは？」と。

　このように、今まで習ってきた知識を下敷きに、他の領域に応用することを**領域拡大**といいます。領域拡大することで、広い視点で知識を見つめ直すことができるのです。

アサガオで成り立つ　　　　　　　ヒマワリ、チューリップでも
　　　　　　　　　　　　　　　　成り立つ

まとめ

・統計分析の手順は「仮説」→「データ収集など」→「結果」
・小学生の夏休みの自由研究「アサガオの観察日記」などは
　統計分析の基本

データの分類

　私たちは日々、さまざまなデータに接しています。データには大枠で2つあり、**質的データ**（カテゴリーデータ）と**量的デー**
タに分かれます。量的データは直接、数値で測れますが、質的データは直接、数値で測れません。そのため、質的データは四

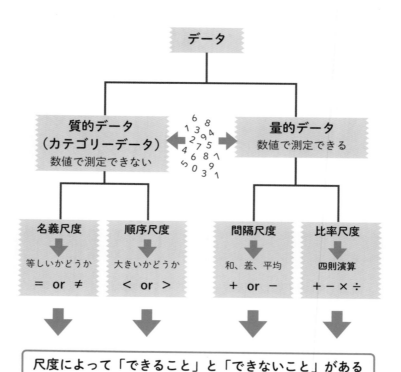

尺度によって「できること」と「できないこと」がある

則演算ができません。

　質的データ、量的データには、それぞれ2つの尺度があります。質的データは、**名義尺度**と順序尺度、量的データは**間隔尺度**と**比率尺度**（比例尺度ともいいます）です。このようにデータを分類するのは、尺度によって「できること」と「できないこと」があるからです。

まとめ

- データには「質的データ」と「量的データ」がある
- 「質的データ」には「名義尺度」と「順序尺度」がある
- 「量的データ」には「間隔尺度」と「比率尺度」がある
- 尺度によって「できること」と「できないこと」がある

基礎知識 7 ▶ 質的データ（数値で測定できないデータ）

名義尺度は、区別・分類するために使う尺度です。区別・分類することが目的のため、等しいかどうか（データが「＝」か「≠」）を判定します。そして、判定したデータを数えること（カウント）のみできます。

ID、郵便番号、電話番号のように数値を使って区別するものや、性別、血液型、出身地のように数値をまったく使わずに区別・分類するものがあります。

順序尺度はカウントと比較ができる尺度です。具体的には順位（1位、2位……）、学年（1年生、2年生……）、出席番号（1番、2番……）などがあります。

大小関係や順序には意味がありますが、たし算、ひき算に意味はありません。そのため、「出席番号3番と4番の人を合わせて出席番号7番」とはできません。

たし算、ひき算ができないため、後に紹介する平均の計算をしても意味がありませんが、中央値や最頻値には意味があります。

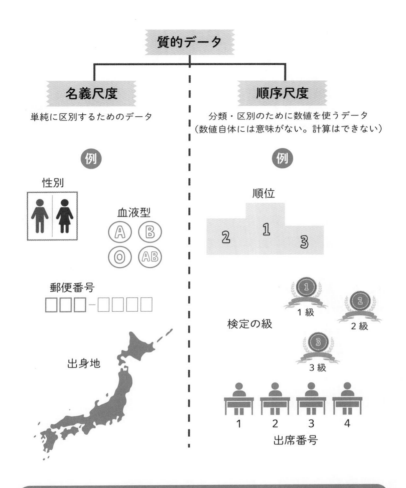

質的データ

名義尺度
単純に区別するためのデータ

例

性別

血液型
Ⓐ Ⓑ
Ⓞ ⒶⒷ

郵便番号
□□□-□□□□

出身地

順序尺度
分類・区別のために数値を使うデータ
（数値自体には意味がない。計算はできない）

例

順位
2 1 3

検定の級
1級 2級
3級

出席番号
1 2 3 4

まとめ

・名義尺度は「区別」「分類」するだけ

・順序尺度は数値自体には意味がない。計算はできない

　時刻、年齢、テストの点数のように、**数値の目盛が等間隔に
なっているもの**を間隔尺度といいます。

　気温が10℃から10℃上昇したとき「20℃になった」とはいい
ますが、気温が「2倍になった」とはいいません。20℃から
10℃になったとき、気温が半分になったともいいません。

　間隔尺度はたし算、ひき算ができますが、かけ算、わり算は
できません。平均の計算はできます。

　間隔尺度に対して、**間隔と比率に意味があり、たし算、ひき
算、かけ算、わり算ができるもの**を比率尺度もしくは比例尺度
といいます。

　間隔尺度と比率尺度の違いは難しいのですが、「0」を基準に
考えるとわかりやすいでしょう。

　間隔尺度（点数、年齢、気温、時刻）は、「0」のときも存在
していますが、比率尺度もしくは比例尺度（身長、体重、速度）
は「0」の場合は存在しません。

量的データ

間隔尺度

数値の目盛りが等間隔のデータ

例

テストの点数

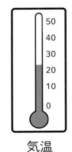

気温

時刻

比率（比例）尺度

間隔や比率に意味があるデータ

例

体重

身長

給与

データの種類のまとめ

質的データ	数値で測定できない（カテゴリーデータ）	名義尺度	等しいかどうか（「 = 」or「 ≠ 」）で判定する。単純に区別することが目的。カウントのみ可能。データを数えることしかできない。 例）人の名前、性別、血液型、出身地、ID、郵便番号、電話番号など
		順序尺度	大きいか小さいか（「 < 」or「 > 」）、不等式で判定する。大小関係・順序に意味がある。カウントと比較が可能。 例）順位、出席番号、学年など
量的データ	数値で測定できる	間隔尺度	たし算、ひき算、平均の計算が可能（+、−）。差に意味がある。 例）点数、年齢、気温、時刻など
		比率尺度（比例尺度）	たし算、ひき算、かけ算、わり算（+、−、×、÷）の計算が可能。 例）身長、体重、速度、給与、長さなど

まとめ

・間隔尺度は数値の目盛が「等間隔」。たし算、ひき算ができる

・比率（比例）尺度は「0」が存在しない。四則計算ができる

「伝統的な統計学」と
「ベイズ統計」の違い

　ベイズ統計をよりよく理解するために、中学、高校、大学などで学習する「伝統的な統計学との違い」を押さえておきましょう。統計学の根本には確率論があります。ベイズ統計に対し、伝統的な統計学は**頻度論的統計学**といい、**頻度論**と略されることもあります。

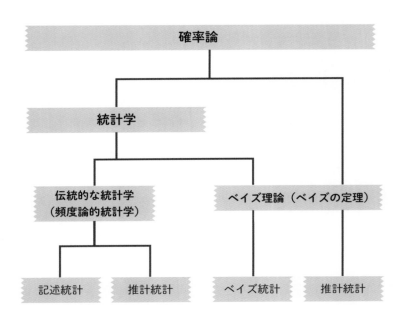

頻度論は、「得られたデータが母集団から、どれくらいの確率（頻度）で発生するのかを基本的な考え方とする理論」です。日本で統計を学習するときは、この頻度論を主にしている場合が多いです。

　ベイズ統計は、後に紹介する「ベイズの定理」を用いてデータを調べていきます。

　伝統的な統計学（頻度論的統計学）は「記述統計」と「推計統計」に分かれます。

　ベイズ理論（ベイズの定理）は「ベイズ統計」と「推計統計」に分かれます。

まとめ

・伝統的な統計学は「頻度論」と呼ばれることもある
・ベイズ統計は「ベイズの定理」を使ってデータを調べる

基礎知識 10　「記述統計」と「推計統計」

　ここでは、記述統計と推計統計を紹介します。

　記述統計は、取得したデータを用いて、平均などの特性を表やグラフにしてわかりやすくします。学校のテストで平均点を出したり、平均点をグラフにすることなどは記述統計です。

　推計統計は、推測統計とも呼ばれます。**母集団から標本（サンプル）を抽出して、標本（サンプル）の平均や分散を求め、母集団の特性を表す平均（母平均）や分散（母分散）などを推測**していきます。このとき、推測する母平均や母分散などを、**母数またはパラメータ**といいます。母数（パラメータ）は一般に未知の値です。

　伝統的な統計学においては、記述統計、推計統計ともにデータがないと、「議論すること」も「計算すること」もできません。そのため、「議論」や「計算」するために、まずデータを集めることからはじめる必要があります。

推定：母集団を特徴づける母数（パラメータ）を統計学的に推
　　　測すること。
検定：母集団から抽出された標本（サンプル）の統計量に関す
　　　る仮説が正しいかを統計学的に判定すること。

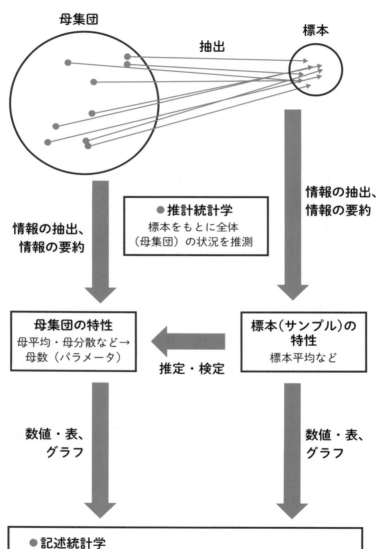

母集団

標本

抽出

情報の抽出、
情報の要約

● 推計統計学
標本をもとに全体
（母集団）の状況を推測

情報の抽出、
情報の要約

母集団の特性
母平均・母分散など→
母数（パラメータ）

← 推定・検定

標本（サンプル）の
特性
標本平均など

数値・表、
グラフ

数値・表、
グラフ

● 記述統計学
データを整理して数値・表、グラフなどにして特徴をとらえる

● 記述統計学

　記述統計学は、データを整理して数値・表、グラフなどにして特徴をとらえます。

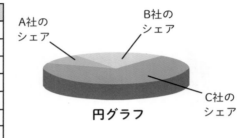

候補者	票数
K	366
U	84
Y	65
O	61
S	17
T	4
N	3
合計	600

度数分布表（選挙結果）

円グラフ

A社のシェア　B社のシェア　C社のシェア

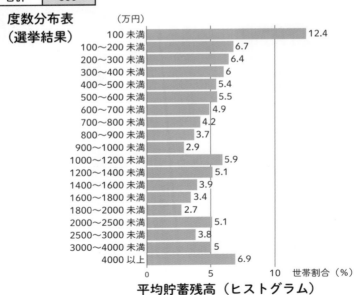

（万円）

階級	世帯割合（%）
100 未満	12.4
100～200 未満	6.7
200～300 未満	6.4
300～400 未満	6
400～500 未満	5.4
500～600 未満	5.5
600～700 未満	4.9
700～800 未満	4.2
800～900 未満	3.7
900～1000 未満	2.9
1000～1200 未満	5.9
1200～1400 未満	5.1
1400～1600 未満	3.9
1600～1800 未満	3.4
1800～2000 未満	2.7
2000～2500 未満	5.1
2500～3000 未満	3.8
3000～4000 未満	5
4000 以上	6.9

平均貯蓄残高（ヒストグラム）

● 推計統計学

　推計統計学は、標本（サンプル）をもとに全体（母集団）の状況を推測します。

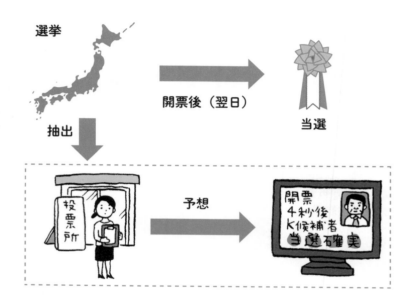

まとめ

・「記述統計学」は、データを整理して数値・表、グラフなどにし、特徴をとらえる
・「推計統計学」は、標本をもとに全体（母集団）の状況を推測する

基礎知識 11　代表値と散布度

　データを分析するときには、データの特徴、傾向、バラつきを表す指標が必要となります。データの特徴や傾向を表す指標を**代表値**といい、**平均値**（mean）、**中央値**（median）、**最頻値**（mode）、**最大値**（maximum）、**最小値**（minimum）などがあります。平均値は平均ということも多いです。平均値、最大値、最小値はよく耳にするでしょう。

　代表値に対して、データのバラつきを表す指標を**散布度**といい、**標準偏差**（standard deviation）、**分散**（variance）などがあります。

　代表値も散布度も、それぞれ得意・不得意があるので、代表値や散布度を1つだけ利用するのではなく、得意とする部分を組み合わせて利用していきます。

データの特徴・傾向を知る	データのバラつきを知る
↓	↓
代表値	散布度
1. 平均値・期待値	1. 標準偏差・分散
2. 中央値	2. 平均偏差
3. 最頻値	3. 四分位数※
4. 最大値・最小値	4. 範囲

※データを小さい順に並べた数の列を4等分して、4等分した境界に相当するデータ

まとめ
・代表値と散布度はデータの分析に利用する値

代表値は「最大値・最小値」を調べるところからはじめる

　最大値・最小値は、よく耳にする言葉です。定期試験があったときは、一番点が良かった人（最大値）が気になるものです。大学受験や高校受験なら、合格者の最低点（最小値）が大切な指標になります。

　最大値・最小値は一番大きい値、一番小さい値を知ることで、データの範囲を大まかに理解できます。また、最大値・最小値ともに極端なデータなので、**外れ値**と呼ばれる、平均から外れている値を把握することもできます。

　また、測定ミスや入力ミスなどによる、明らかにデータに適さない異常値の有無もチェックできます。データに異常値があった場合は、修正することで解決できます。

　私たちは平均値に慣れているので、分析をする際、平均値から計算しがちですが、実際にデータを分析するときは、平均値ではなく最大値・最小値から見ていきます。

　なぜなら、**ローデータ**（Raw Data）と呼ばれる、加工していない生データを分析する際は、異常値が含まれている場合がよくあるからです。後に紹介しますが、異常値のように明らかにデータに適さない数値があると、平均値の計算結果がおかしくなります。平均値などの結果を正しく反映させるためにも、最大値・最小値を調べておくことは必須です。

　ただし、最大値・最小値は極端なデータがわかるだけで、データの内訳を知ることはできません。データに偏りや歪みがある

場合は、適切にデータを分析できないという弱点もあります。

最大値・最小値のメリット

・求めやすい
・多くの人が知っているため、説明が不要
・一番大きい値、一番小さい値を知ることで、データの範囲がわかる
・データの極端な値（外れ値）を把握できる
・データに異常値と呼ばれるおかしな値があるかどうかをチェックできる

最大値・最小値のデメリット

・データの内訳を把握することはできない
・データに偏りや歪みがある場合、適切に分析できない

あるクラスの10人に100点満点の試験をしたところ、次の結果だったとします。最大値、最小値を求めることで、異常値の検証をしましょう。

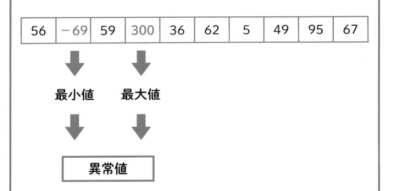

| 56 | −69 | 59 | 300 | 36 | 62 | 5 | 49 | 95 | 67 |

最小値　　**最大値**

異常値

　100点満点の試験なので、数値は0〜100の間にあるはずです。最小値の−69や最大値の360は異常値と判断できます。データを見直したところ、「−69」はデータを打ち込んだときに「−」を間違って入力、「300」はデータを入力したとき「0」を多く入力したためとわかりました。そこでデータを修正して、点数が低い順に並べ替えると、

| 5 | 30 | 36 | 49 | 56 | 59 | 62 | 67 | 69 | 95 |

となります。グラフで表すと、

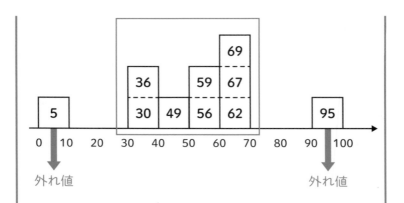

外れ値

外れ値

となり、5と95が他のデータから外れているので、外れ値
と考えることもできます。このように最大値・最小値は、
異常値や外れ値を発見するのに役立ちます。

まとめ

・「最大値」「最小値」で「異常値」や「外れ値」を発見できる

代表値の王様「平均」を知ろう

　平均点、平均年収など、「平均」を利用した言葉は日常でよく耳にします。平均は下の式のように「データを全部加え」、「データの個数でわり算する」ことで求めることができます。平均は「m」やギリシャ語の「μ」で表します。

$$\text{平均} = \frac{\text{データの合計}}{\text{データの個数}} = (\text{データの合計}) \div (\text{データの個数})$$

　なじみがあり計算しやすく、認知度が高いため、用語を説明する必要がないのが強みです。平均値といって通用しないことはほとんどありません。

　しかし、平均の計算方法は知っていても、平均の意味やイメージ、弱みがあることを知らない人もいると思います。平均はその名の通り、データを平らに均すことです。

　例えば、次図左のように100mLの水と300mLの水があり、真ん中に仕切りがあったとします。この仕切りを取り除くと、右図のように200mLの位置で平らになります。このように、平らに均すことが平均です。

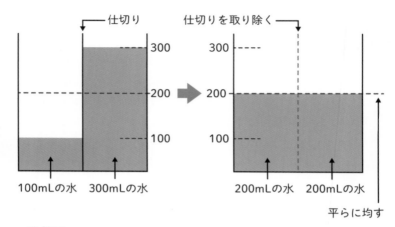

計算は、

$$\frac{100+300}{2} = 200$$

です。

例：80点、50点、70点、40点の平均点と、図のイメージを求めてみます。

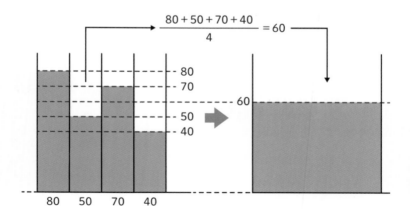

平均は、データを一言で要約する場合に適しています。特にデータが均一にバラついているとき、データの特性をよく表します。しかし、データが均一でなく特定の場所に偏っていると、平均が代表値として機能しなくなります。

データに偏りがある場合、つまり最大値・最小値のときに解説した異常値や外れ値があると、その値に大きな影響を受けるため、代表値としての意味をなさないことがあります。データに外れ値がある場合は、中央値を利用します（次項参照）。

平均値のメリット

・計算しやすい
・多くの人が知っているため、説明が不要で理解されやすい
・データを一言で要約する際に適している

平均値のデメリット

・データに外れ値や異常値がある場合、大きな影響を受ける

まとめ

・平均はデータを一言で要約する場合に便利
・データに異常値や外れ値があると機能しない

平均が機能しないときは「中央値」

　前項で、「平均は異常値や外れ値などの極端な値に大きな影響を受ける」ことを紹介しました。ここでは、都道府県別の1人あたりの銀行預金残高（2018年）を例にとって考えてみましょう。ヒストグラムにしたものと、表にしたものが下図です。

（単位：万円）

順位	都道府県	預金残高
1	東京都	1988.2
2	大阪府	764.9
3	徳島県	625.7
4	香川県	560.2
5	富山県	530.2

（単位：万円）

順位	都道府県	預金残高
6	愛知県	524.2
7	愛媛県	520.5
8	京都府	512.3
9	奈良県	495.8
10	千葉県	476.1
全国平均		624.0

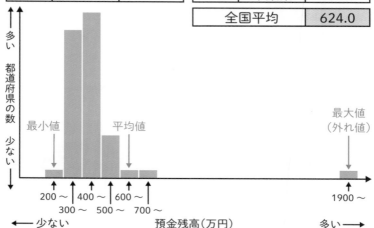

出典：『社会生活統計指標』（総務省、2020年）

　このようなデータを見るときは、平均ではなく、まずは最大値・最小値を見ていきます。最小値は特に外れているわけではありませんが、最大値である東京都の預金残高はヒストグラムや表を見ればわかるように、偏っています。

　実際、全国平均の預金残高624万円を超えているのはたった3つの都道府県しかありません。

　これでは、平均の預金残高624万円が代表値としての役割を果たしているとは言い難いです。

　また、このデータの東京都の預金残高を見てください。例え、東京に住む人の給与が高かったとしても、1人約2000万円も預金を持っているというのは極端です。このデータから、東京に住んでいる方の中には、極端に大きな額を預金している方がいることがわかります。

　他に次のページにある「世帯別平均貯蓄残高」なども極端な値があります。2019年6月に金融庁が発表した資料の中で「老後資金として年金のみでは1300 ～ 2000万円程度不足する」とあり話題となりました。では、2人以上の勤労世帯が貯蓄している額がどのくらいなのか、次ページの図を見てみましょう。

　2020年5月15日に総務省統計局が発表した2019年の『家計調査報告（貯蓄・負債編）』を見ると、2人以上世帯の平均貯蓄残高はなんと1755万円です。ヒストグラムを見るとわかるように、貯金残高4000万円以上の人が平均を押し上げています。

　なお、平均が役割を果たさないときは中央値を探りますが、**トリム平均と呼ばれる、上位・下位を除外して平均を求める方法もあります。**エクセルでは「trimmean」という関数が用意され

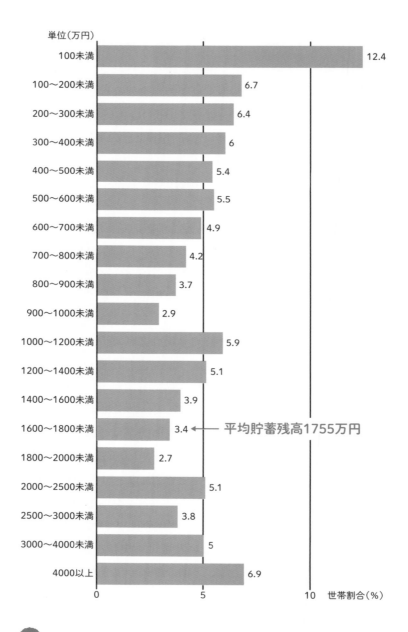

単位(万円)

	世帯割合(%)
100未満	12.4
100～200未満	6.7
200～300未満	6.4
300～400未満	6
400～500未満	5.4
500～600未満	5.5
600～700未満	4.9
700～800未満	4.2
800～900未満	3.7
900～1000未満	2.9
1000～1200未満	5.9
1200～1400未満	5.1
1400～1600未満	3.9
1600～1800未満	3.4 ← 平均貯蓄残高1755万円
1800～2000未満	2.7
2000～2500未満	5.1
2500～3000未満	3.8
3000～4000未満	5
4000以上	6.9

0   5   10   世帯割合(%)

ています。ただし、トリム平均は後に紹介する中央値以上に知名度がありません。

まとめ

・平均が機能しないときは「中央値」で代用する

・上位・下位を除外して平均する「トリム平均」でも代用できる

平均の計算で
「よくある間違い」とは？

　ある学校のある学年にはA、Bの2クラスがある。同じ試
験を行ったところ、Aクラスの平均は90点、Bクラスの平
均は30点だった。2クラスの平均は？

　AクラスとBクラスという2クラスの平均がそれぞれ90点、30
点なので、

$$\frac{90+30}{2} = 60\,点$$

と計算したくなりますが、これは間違いなんです。

　この問題、実は答えが求められません。平均値は「合計÷個数」
で求めますが、この問題文では、合計も人数もわかりません。
**答えを求めるためには、AクラスとBクラスそれぞれの人数の情
報が必要です。**

　極端な例で考えてみます。次のページのように「仕切り」が真
ん中ではなく、偏った位置にある水槽があるとします。横軸の
目盛り1つ分で、縦軸のmLを表しているとします。

　この偏った位置にある「仕切り」のある水槽から、仕切りを取
り除いた場合、次のページのようになるでしょうか（わかりやす
いように、左側から目盛り5つ分のところに、仕切りを設定し
ています）？

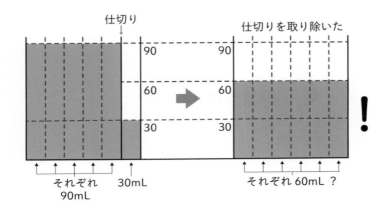

仕切り

仕切りを取り除いた

90   90

60 ➡ 60

30   30

それぞれ   30mL
90mL

それぞれ 60mL ？

　何か違和感がありませんか。平均が30mLと90mLの真ん中の60mLではなく、もう少し90mL側に引っ張られそうな気がしませんか？　水槽の「仕切り」の位置が真ん中ではなく偏っていると平均にずれが生じるように、人数がわからないと平均にずれが生じます。つまり、**平均の平均には注意が必要なの**です。それでは、問題文で足りなかった人数の情報を補って、正確な平均を求めましょう。

例題 ❷

　ある学校にはA、Bの2クラスがある。Aクラス50人、Bクラス10人に同じ試験を行ったところ、Aクラスの平均は90点、Bクラスの平均は30点だった。2クラスの平均は？

　まず、それぞれのクラスの合計点を求めます。

Aクラス50人の合計点は、$50 \times 90 = 4500$
Bクラス10人の合計点は、$10 \times 30 = 300$

AクラスとBクラスの合計点を加えて、Aクラス、Bクラスの合計人数60人で割ります。

$$\frac{4500+300}{60} = \frac{4800}{60} = 80$$

よって、平均は80点です。このような平均を**加重平均**ということもあります。

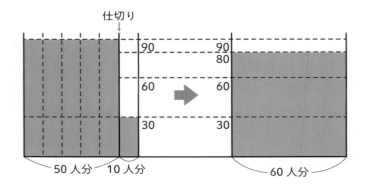

まとめ
・「平均の平均」を求めるときは要注意
・「平均の平均」を求めるときは人数の情報を補った「加重平均」を使う

基礎知識 16 外れ値の影響を受けにくい中央値

平均は、異常値や外れ値があると影響を受ける弱みがありました。そこで異常値や外れ値の影響を受けにくい代表値が**中央値**です。中位数とも呼ばれます。

中央値は小さい順（昇順）、大きい順（降順）に並べ替えたとき中央に位置する値、つまり**真ん中の数値**です。真ん中というと平均をイメージする方も多いと思いますが、真ん中の数値は中央値です。

ただし、データの個数が偶数の場合と奇数の場合で求め方が少し違います。

下の左図のようにデータの個数が奇数の場合は、真ん中が1つに決まるので問題ありません。しかし、下の右図のようにデータの個数が偶数の場合は真ん中が2つあるので、2つの値の平均、つまり2つの値を足して2でわった値とします。

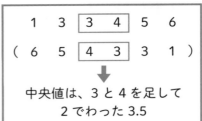

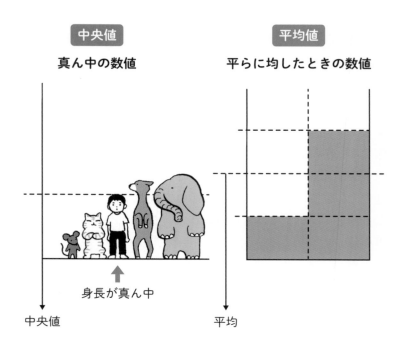

中央値の強みは、データに偏りがあっても影響を受けにくい
ところですが、弱みもあります。

まず、平均値に比べて知名度が低いため、用語の説明が必要
になる場合があります。

また、小さい順や大きい順に並べ替える必要があり、データ
が偶数の場合と奇数の場合で分けて考えなければなりません。

中央値のメリット

・データの偏り・歪みがある場合でも結果が安定する
・平均値がうまく機能しない場合にも利用できる

中央値のデメリット

・計算が面倒（並べ替え、場合分け）
・データの個数が奇数の場合と偶数の場合で分ける必要がある
　（データの個数が偶数の場合、中央の2つの数値の平均値を中
　央値とする）
・平均と比べて知名度が低い

　51ページで出てきた、都道府県別の1人あたりの預金残高
（2018年）の中央値を見てみます。
　都道府県は47あるため、真ん中は24番目（60ページ参照）で
すね。24番目は次ページの表のように栃木県で、414.3万円と、
平均の624.0万円とは約200万円の差があります。
　**中央値を求めることで、平均が外れ値の影響を受けていたこ
とがわかります。**

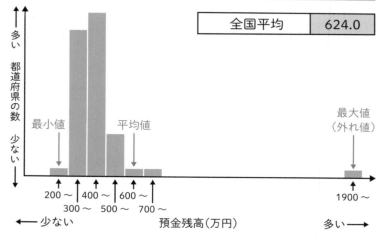

順位	都道府県	預金残高
1	東京都	1988.2
2	大阪府	764.9
3	徳島県	625.7
4	香川県	560.2
5	富山県	530.2

（単位：万円）

順位	都道府県	預金残高
6	愛知県	524.2
7	愛媛県	520.5
…	…	…
24	栃木県	414.3
…	…	…

（単位：万円）

全国平均	624.0

出典：『社会生活統計指標』（総務省、2020年）

まとめ

・データの個数が偶数の場合は、真ん中2つの値の平均を
中央値にする

最頻値は「データの多数決」

　学校の生徒会長を決めるときなど、多数決を利用することは
よくありますね。この多数決の代表値版があり、**最頻値**といい
ます。最頻値は、データの中で出現頻度が一番高い数値です。
数えればよいだけなので、計算の必要がありません。なお、最
頻値は平均値や中央値と違い、数値データではないカテゴリー
データ（名義尺度）に対しても利用できます。

> **例**
> 3、3、4、4、4、4、4、5、5、6、7、7、8　の最頻値を
> 求めてください。

　一番データの個数が多いのは4なので、最頻値は4です。

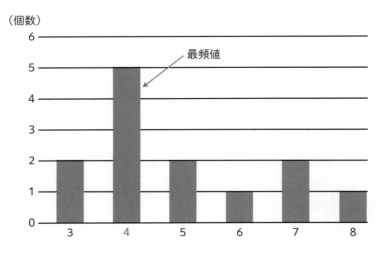

Aさん、Bさん、Cさん、Dさんから生徒会長を選びます。投票の結果は下の棒グラフの通りとなった。最頻値は誰ですか?

最頻値はCさんですね。

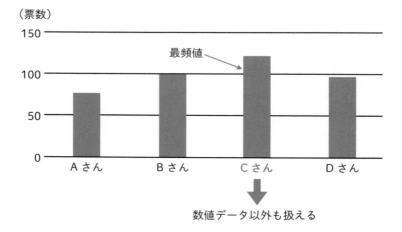

（票数）

最頻値

数値データ以外も扱える

最頻値のメリット

・最も出現可能性が高い数値がわかる

・一番データが多い場所がわかる

・ボリュームゾーンがわかる

・カテゴリーデータ（名義尺度）に対しても利用できる

・小数や端数が出てこない（平均値や中央値は端数が出てくる
　場合がある）

・計算が簡単

最頻値のデメリット

・全体の傾向がわからない

・平均値や中央値と比べ、知名度が低い

　前述の、都道府県別の1人あたりの預金残高（2018年）の最頻値を見てみましょう。預金残高がまったく同じになる都道府

預金残高	データ数	500〜600万円	5
0〜100万円	0	600〜700万円	1
100〜200万円	0	700〜800万円	1
200〜300万円	1	…	…
300〜400万円	18	1900〜2000万円	1
400〜500万円	20	全国平均：624.0万円	
500〜600万円	5	中央値：414.3万円	

最頻値
450.0万円

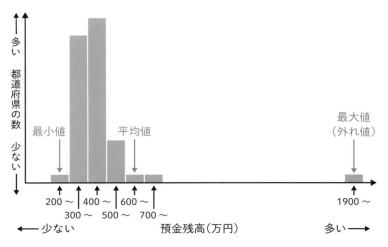

県はありませんから、前表の通り、100万円ごとに分けて調べてみます。

　すると、400万円から500万円の都道府県が最も多いことがわかります。このようにデータを範囲で区切る場合は、区間の真ん中の値を**階級値**と呼び、さまざまな統計の計算に利用します。データが範囲で表されている場合、最頻値は階級値を利用して求めます。今回の場合、データの範囲が一番多い400～500万円の階級値は真ん中の値450万円ですから、最頻値は450.0万円です。

まとめ

- 最頻値はデータの中で出現頻度が一番高い数値
- 最頻値は数値データではない名義尺度に対しても利用できる

第2章

「集合」と「確率」の記号
「超」入門

数学の好き嫌いを大きく分けるのが「記号」です。記号
は、一度慣れてしまえば便利なのですが、慣れないと一
気に苦手意識が加速してしまいます。ベイズ統計では
「集合」と「確率」の記号が多用されますので、この章で
記号に慣れてしまいましょう。そうすれば、ベイズ統計
の理解が深まります。

ベイズ統計・ベイズの確率の問題を考えるとき、**集合**や**確率**の記号を知っておくと理解が早まるので、ここで確認しておきましょう。まず、ものの集まりを**集合**といいます。全体の集合を「Universal set」というので「U」で表すことが多いです。

　集合 A に対して、A に含まれないものの集合を $\overline{A}$ と表します。

　このような図を**ベン図**といいます。
　具体的にベン図で表してみましょう。1個のサイコロを振るとき、サイコロの目は1から6があるので、全体の集合Uは、

$$U = \{1、2、3、4、5、6\}$$

です。このように集合は、波かっこ { } を用いて書きます。
奇数の集合をAとすると、A = {1、3、5} です。

偶数は、奇数の集合Aに含まれないので$\overline{A}$と表せます。
$\overline{A} = \{2、4、6\}$ です。

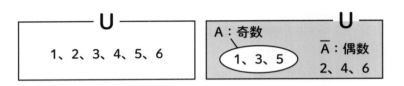

集合の個数を表す記号もあるので、ここで紹介します。

集合 A の個数（number）は n（A）と表します。

A = {1、3、5} より、集合 A の個数は 3 なので n（A）= 3

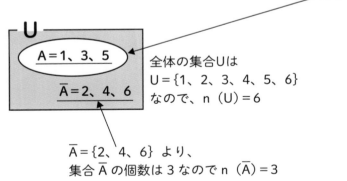

全体の集合Uは
U = {1、2、3、4、5、6}
なので、n（U）= 6

$\overline{A}$ = {2、4、6} より、
集合 $\overline{A}$ の個数は 3 なので n（$\overline{A}$）= 3

67

次に、確率の計算と確率の記号を紹介します。Aが起こる確率をP（A）と表します。確率は英語でProbabilityなので、頭文字のPを用います。

　A＝ {1、3、5} なので、P ({1、3、5}) と書くこともあります。奇数の目Aが出る確率P（A）は、全体の集合U＝ {1、2、3、4、5、6} から、A＝ {1、3、5} の目が出ればよいので、$\frac{3}{6}＝\frac{1}{2}$ です。なお、偶数の目 $\overline{A}$ が出る確率P（$\overline{A}$）も、同様に $\frac{3}{6}＝\frac{1}{2}$ です。

１個のサイコロを振るとき、奇数の目 A が出る確率P(A)は、
全体の集合：U＝{1、2、3、4、5、6}、個数は n(U)＝6
奇数の集合：A＝{1、3、5}、個数は n (A)＝3 より

$$P（A）＝\frac{奇数}{全部}＝\frac{3}{6}＝\frac{1}{2} \qquad \frac{n(A)}{n(U)}$$

偶数の集合＝奇数ではない集合：$\overline{A}$ {2、4、6}、n (${\overline{A}}$)＝3 より

$$P（\overline{A}）＝\frac{偶数}{全部}＝\frac{3}{6}＝\frac{1}{2} \qquad \frac{n(\overline{A})}{n(U)}$$

☞ **集合 A、集合 B があるとき、**
　集合 A と集合 B を合わせた部分を A∪B
　集合 A と集合 B の共通部分を A∩B
　と書きます。

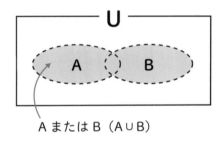

A または B（A∪B）

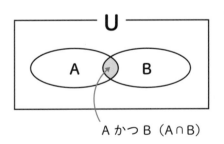

A かつ B（A∩B）

サイコロで考えてみましょう。

サイコロを1回振るとき、
A：奇数の目が出る場合
B：5以上の数が出る場合
を記号で表すと、

A＝{1、3、5}
B＝{5、6}、
　AとBを合わせた部分は、
A∪B＝{1、3、5、6}
　AとBの共通部分は、
A∩B＝{5}
です。

　個数を記号で表すと、Aの個数は、1と3と5で3個あるので、
n（A）＝3
　Bの個数は、5と6で2個あるので、
n（B）＝2
　AまたはBの個数は、1と3と5と6で4個あるので、
n（A∪B）＝4
　AとBの共通部分は5だけなので、
n（A∩B）＝1
です。

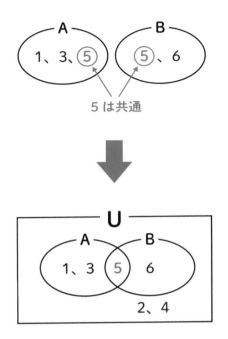

第3章で解説する条件付き確率（88ページ以降参照）を考えるとき、ベン図以外にも、次ページ下の図のように便利な図があります。条件付き確率やベイズの定理の問題を考えるときには、次ページ下の図のほうがわかりやすいので、少しずつ慣れていきましょう。本書では、両図を併用しながら、次ページ下の図にも徐々に慣れていくようにしています。

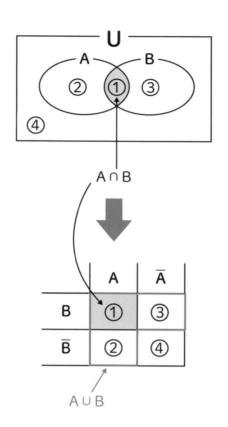

　先ほどのサイコロの例を挙げると、

A：奇数の目が出る場合
B：5以上の目が出る場合

とするとき、

$\overline{A}$は偶数の目が出る場合、$\overline{B}$は4以下の目が出る場合です。

A = {1、3、5}
B = {5、6}
A∪B = {1、3、5、6}
A∩B = {5}

でした。したがって

①はA∩Bなので、① = {5}
②は、A = {1、3、5} から、①（A∩B = {5}）を除けばよいので、
② = {1、3}
③は、B = {5、6} から、①（A∩B = {5}）を除けばよいので、
③ = {6}

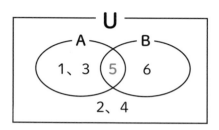

	A : 奇数	$\overline{A}$: 偶数
B	5	6
$\overline{B}$	1、3	2、4

まとめ

・ベン図を利用すると、集合を視覚的に理解できる。
・条件付き確率やベイズの定理を使って問題を考えるとき
　は、ベン図以外にも便利な図がある。

具体例で「集合」と「確率」の「記号」に慣れよう！

例題

　1～20の数字が書かれた乱数サイコロを1回振ります。

A：奇数の目が出る
B：4の倍数の目が出る
C：9以上の目が出る
D：素数（2、3、5、7、11、13、17、19）の目が出る

とします。Uは全体の集合とします。
A、B、C、D、Uの個数n（A）、n（B）、n（C）、n（D）、n（U）、
A、B、C、Dの確率P（A）、P（B）、P（C）、P（D）を求め
ましょう。

　全体の集合Uは1～20の20個なので、記号で表すと、

n（U）= 20

A（奇数の目）は、

A =｛1、3、5、7、9、11、13、15、17、19｝

より、個数は10個となるので、個数を記号で表すと、

n（A）= 10

　Aの確率「奇数の目が出る確率」P（A）は、

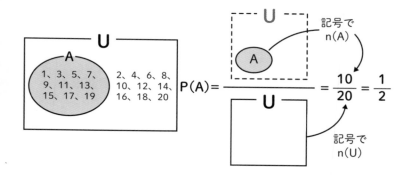

　B（4の倍数の目）は、

B = |4、8、12、16、20|

より、個数は5個となるので、個数を記号で表すと、

n（B）= 5

　Bの確率「4の倍数の目が出る確率」P（B）は、

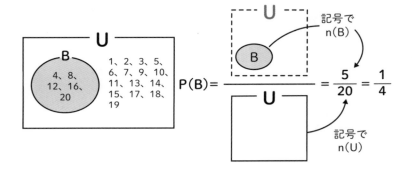

同様にC（9以上の目）は、

C ＝ ｜9、10、11、12、13、14、15、16、17、18、19、20｜ より、
個数は12個となるので、n（C）＝ 12

Cの確率「9以上の目が出る確率」P（C）は、

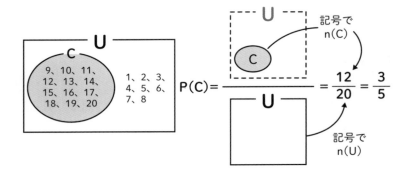

D ＝ ｜2、3、5、7、11、13、17、19｜ より、
個数は8個となるので、n（D）＝ 8

Dの確率「素数2、3、5、7、11、13、17、19の目が出る確率」
P（D）は、

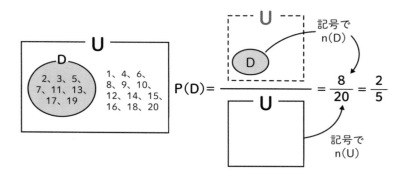

A：奇数の目が出る

B：4の倍数が出る

C：9以上の目が出る

D：素数（2、3、5、7、11、13、17、19）の目が出る

とするとき、A、B、C、Dの補集合を$\overline{A}$、$\overline{B}$、$\overline{C}$、$\overline{D}$の記号で表し、
個数を求めましょう。

$\overline{A}$：偶数の目が出る

$\overline{A} = $ ｛2、4、6、8、10、12、14、16、18、20｝

n（$\overline{A}$）= 10

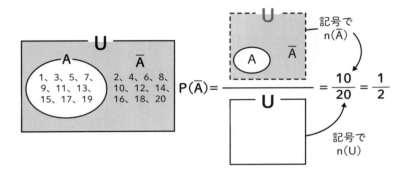

$\overline{B}$は4で割り切れない目が出る

$\overline{B}$ = {1、2、3、5、6、7、9、10、11、13、14、15、17、18、19}

n($\overline{B}$) = 15

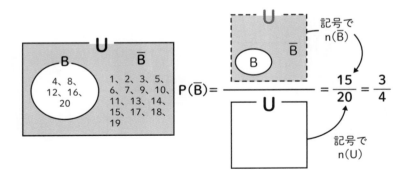

$\overline{C}$は8以下の目が出る

$\overline{C}$ = {1、2、3、4、5、6、7、8}

n($\overline{C}$) = 8

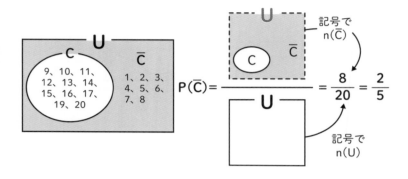

$$P(\overline{C}) = \frac{8}{20} = \frac{2}{5}$$

記号で n(C̄)

記号で n(U)

$\overline{D}$は素数以外の目が出る

$\overline{D} = \{1、4、6、8、9、10、12、14、15、16、18、20\}$

$n(\overline{D}) = 12$

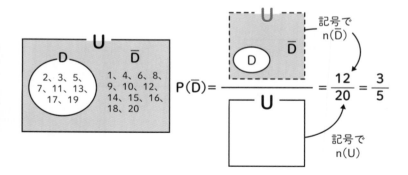

$$P(\overline{D}) = \frac{12}{20} = \frac{3}{5}$$

記号で n(D̄)

記号で n(U)

次に、

　A：奇数の目が出る

B：4の倍数が出る

C：9以上の目が出る

D：素数（2、3、5、7、11、13、17、19）の目が出る

とき、A∪B、A∩B、A∪C、A∩Cの個数n（A∪B）、n（A∩B）、
n（A∪C）、n（A∩C）と、確率P（A∪B）、
P（A∩B）、P（A∪C）、P（A∩C）を求めましょう。

　AまたはB（奇数または4の倍数の目が出る）の場合は、

A＝｛1、3、5、7、9、11、13、15、17、19｝、

B＝｛4、8、12、16、20｝より、

A∪B＝｛1、3、**4**、5、7、**8**、9、11、**12**、13、15、**16**、17、
19、**20**｝

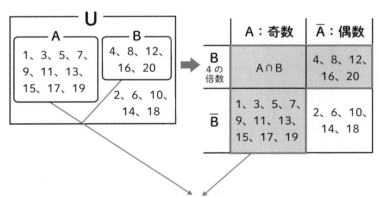

A∪Bは15個あるので、n(A∪B)＝15

A∪Bの確率「奇数または4の倍数の目が出る確率」
P(A∪B)は、

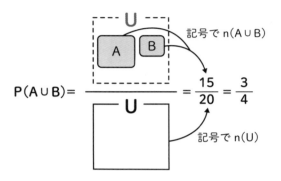

$$P(A \cup B) = \frac{}{} = \frac{15}{20} = \frac{3}{4}$$

記号で n(A∪B)

記号で n(U)

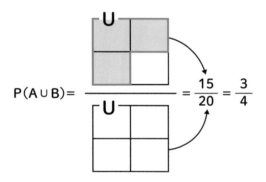

$$P(A \cup B) = \frac{}{} = \frac{15}{20} = \frac{3}{4}$$

●「空集合（φ）」って何だろう？

　AとBの共通部分「奇数かつ4の倍数の目が出る」ことはありませんね。このような場合は空集合（φ）を使って表します。

A∩B = φ

何もないので、n (A∩B) = 0です。

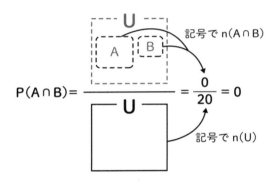

$$P(A \cap B) = \frac{\text{記号で n(A∩B)}}{\text{記号で n(U)}} = \frac{0}{20} = 0$$

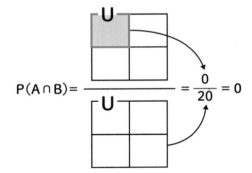

$$P(A \cap B) = \frac{}{} = \frac{0}{20} = 0$$

	A：奇数	$\overline{A}$：偶数
B	0 個	5 個
$\overline{B}$	10 個	5 個

　AまたはC（奇数または9以上の目が出る）の場合は、共通部分に注意して、

A＝{1、3、5、7、9、11、13、15、17、19}

C＝{9、10、11、12、13、14、15、16、17、18、19、20} より、

A∪C＝{1、3、5、7、9、10、11、12、13、14、15、16、17、18、19、20}

となり、n（A∪C）＝16です。

	A：奇数	$\overline{A}$：偶数
C 9以上	9、11、13、15、17、19	10、12、14、16、18、20
$\overline{C}$	1、3、5、7	2、4、6、8

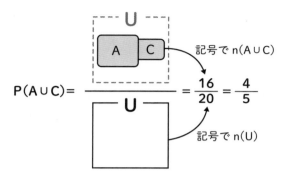

$$P(A \cup C) = \cfrac{\text{記号で } n(A \cup C)}{\text{記号で } n(U)} = \frac{16}{20} = \frac{4}{5}$$

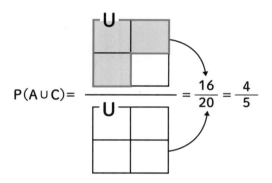

$$P(A \cup C) = \frac{16}{20} = \frac{4}{5}$$

　AかつC（奇数かつ9以上の目が出る）は、AとCの共通部分のため、

A＝ {1、3、5、7、**9**、**11**、**13**、**15**、**17**、19}
C＝ {**9**、10、**11**、12、**13**、14、**15**、16、**17**、18、**19**、20} より、
A∩C＝ {**9**、**11**、**13**、**15**、**17**、**19**} となり、
n (A∩C) ＝ 6です。

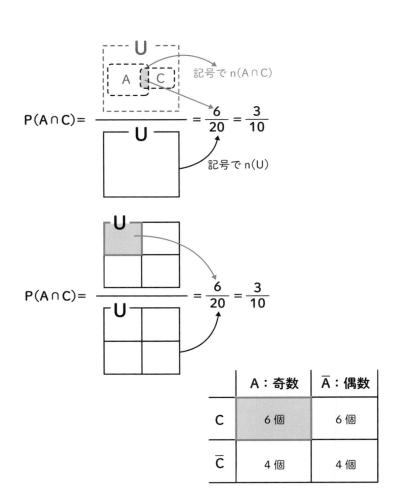

$$P(A \cap C) = \frac{}{} = \frac{6}{20} = \frac{3}{10}$$

記号で n(A∩C)

記号で n(U)

$$P(A \cap C) = \frac{}{} = \frac{6}{20} = \frac{3}{10}$$

	A：奇数	A̅：偶数
C	6 個	6 個
C̅	4 個	4 個

まとめ

・絶対に発生しないことは空集合（φ）で表す

「条件付き確率」って 何だろう？

「条件付き確率」は一般的な確率と違って、とっつきにくい部分がありますが、ベイズの定理の理解、ベイズ統計の理解には必須です。まずは「一般的な確率」と「条件付き確率」の違いを、その違いが実感としてわかる問題を使って解説します。続いて、条件付き確率の有名な問題を使ってしっかり身につけましょう。

「条件付き確率」だけはしっかり押さえる！

　ベイズ統計を学習する上で条件付き確率は欠かせません。ところが、とっつきにくいのが条件付き確率の特徴です。ここでは「普段扱う確率」と「条件付き確率」を対比させながら具体的なイメージをつかんでいきましょう。全体の集合をUとします。

● 普段扱う確率
　事象A（部分A）が起こる確率をP（A）とすると、

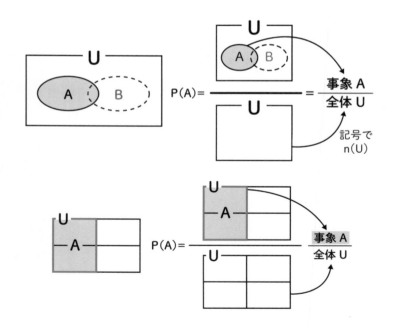

事象B（部分B）が起こる確率をP（B）とすると、

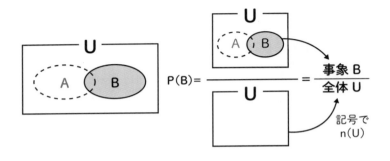

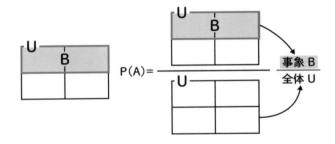

として求めます。

● 条件付き確率

　条件付き確率はその名の通り「条件が付いたときの確率」で、**確率の分母が全体ではなく、一部分になっています。**

　まずは定義と記号から紹介します。

事象Aが起こるときに事象Bが起こる確率を、条件付き確率といいます。記号でP（B｜A）と表します。「PかっこBギブン（given）A」と読みます。記号は右から解釈していきます。

　条件付き確率は他に、$P_A(B)$ と書く場合もあります。これは主に高等学校の教科書で使用されています。
　この条件付き確率の定義は「事象Aが起こるときに事象Bが起こる確率」ですから、次のような式で表せます。

$$P(B｜A) = \frac{P(A \cap B)}{P(A)} = \frac{事象AかつBが起こる確率}{事象Aが起こる確率}$$

　「事象Aが起こる場合」という条件が付いているので、「事象Aが起こる場合」が確率の分母にきます。
　後に紹介する**ベイズの定理**は、この**条件付き確率の公式**をさらに変形することで導くことができます。条件付き確率の式を使いこなせるようになれば、ベイズの定理が理解しやすくなります。

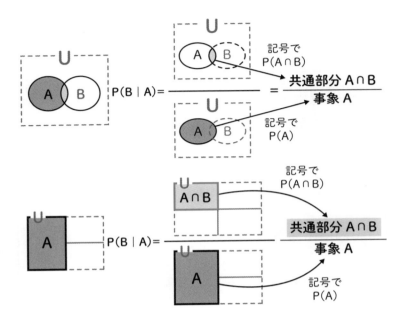

まとめ

・条件付き確率は、確率の分母が「全体」ではなく「一部分」
・P（B｜A）は、「事象Aが起こるときに事象Bが起こる確率」
・「事象Aが起こる確率」が確率の分母にくる

例題で「条件付き確率」に慣れよう

条件付き確率は、記号と考え方に慣れることが大切です。基本的な問題を解いて、慣れていきましょう。

例題 ①

50人のクラスでメガネをかけている生徒を調査したところ、右ページの表のような結果でした。このクラスから1人を任意に選び、

事象A：その人が女性である

事象B：その人がメガネをかけている

とするとき、次の各々の条件付き確率を表す記号とその確率を求めてください。

（1）女性が選ばれたとき、その人がメガネをかけている

（2）メガネをかけている人が選ばれたとき、その人が女性である

	メガネ	裸眼	計
男性	9	21	30
女性	3	**17**	20
計	12	38	50

　　　　事象A　　　　　　　　　　　　　　事象B
(1) 女性が選ばれたとき、その人がメガネをかけている確率
　　を表す記号は、

P(B | A)
事象B　事象A

です。女性は20人で、メガネをかけている人が3人なので、

$$P(B \mid A) = \frac{3}{20}$$

(2) メガネをかけている人が選ばれたとき、その人が女性である確率を表す記号は、

事象B

事象A

P(A | B)

事象A　事象B

です。メガネをかけている人は12人で、そのうち女性が3人なので、確率は、

$$P(A \mid B) = \frac{3}{12} = \frac{1}{4}$$

です。

	メガネ	裸眼	計
男性	9	21	30
女性	3	17	20
計	12	38	50

　このように、どちらもメガネをかけた女性ですが、条件の取り方によって確率が変わります。

例題❷

　次の表は、ある町役場の1日の住民異動届の集計結果です。転出者と転入者の移動届用紙は同一の用紙を使用しているため、一見したところ区別はつかないものとします。

事象A：転入者である　　　　事象B：転出者である
事象C：男性である　　　　　事象D：女性である

	転入者	転出者	計
男性	23	27	50
女性	25	19	44
計	48	46	94

　住民移動届の中から用紙を1枚引いたとき、次の各々の条件付き確率を表す記号とその確率を求めてください。

(1) その用紙が男性の用紙であったとき、それが転入者である

(2) その用紙が転入者の用紙であったとき、それが男性である

(3) その用紙が転出者の用紙であったとき、それが女性である

(1) その用紙が <u>男性の用紙であった</u>とき、それが <u>転入者である</u>
　　 確率の記号は、

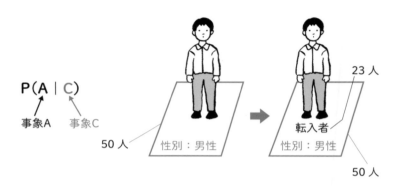

$$P(A \mid C)$$

事象A　　事象C

　　男性が50人いて、
　転入者が23人なので、
$$P(A \mid C) = \frac{23}{50}$$

	転入者	転出者	計
男性	23	27	50
女性	25	19	44
計	48	46	94

(2) その用紙が<u>転入者の用紙</u>であったとき、それが<u>男性である</u>
　確率の記号は、

事象A　　　　　　　　　　　　　　　　　　事象C

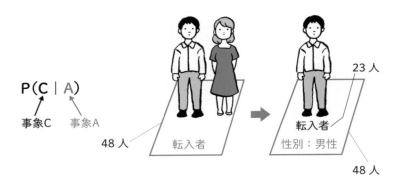

P(C | A)

事象C　事象A

48人　転入者

23人

転入者

性別：男性

48人

　転入者が48人いて、そのうち
男性が23人なので、

$$P(C \mid A) = \frac{23}{48}$$

	転入者	転出者	計
男性	23	27	50
女性	25	19	44
計	48	46	94

(3) その用紙が<u>転出者の用紙</u>であったとき、それが<u>女性である</u>
　　確率の記号は、

事象B　　　　　　　　　　　　　　　　　　　　　　事象D

P(D｜B)

↑事象D　↑事象B

46人　転出者　　19人　転出者　性別：女性　46人

　転出者が46人いて、そのうち
女性が19人なので、

$$P(D｜B)=\frac{19}{46}$$

	転入者	転出者	計
男性	23	27	50
女性	25	19	44
計	48	46	94

まとめ

・条件付き確率は、条件の取り方によって確率が変わる

例題 ❸

　あるグループで血液型を調べたところ、A型の人は全体の40％で、A型の男性は全体の30％でした。このグループから1人選ぶとき、

事象A：選んだ1人がA型である
事象B：選んだ1人が男性である

とします。P（A）、P（A∩B）の記号の意味と値を求めた上で、A型の人から1人選ぶとき、その人が男性である確率を求めてください。

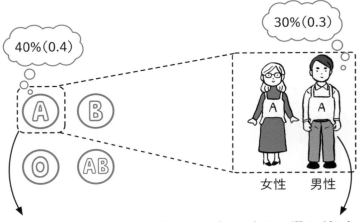

P（A）は、選んだ1人がA型である確率なので

P（A）= 0.4

P（A∩B）は、選んだ1人がA型の男性である確率なので

P（A∩B）= 0.3

条件が整ったので、公式を利用しましょう。その際、A∩B
とB∩Aが同じになることを利用します。

事象A　　　　　　　　　　　　　　　　　事象B
選んだ1人がA型であるとき、その人が男性である確率は、

$$P(B \mid A) = \frac{P(A \cap B)}{P(A)} = \frac{0.3}{0.4} = \frac{3}{4} = 0.75$$

事象B　事象A

	A型
男性	0.3
女性	―
計	0.4

まとめ

・条件付き確率の公式は、

$$P(B \mid A) = \frac{P(A \cap B)}{P(A)}$$

$$= \frac{事象AかつBが起こる確率}{事象Aが起こる確率}$$

例題❹

1〜6の目が書いてあるサイコロを1回振ります。

事象A：奇数の目が出る
事象B：3の目が出る

とするとき、P（A）、P（B）、P（A∩B）、P（B｜A）、
P（A｜B）、の意味と値を求めてください。

全体の集合Uは1、2、3、4、5、6で、式にするとU＝｛1、2、
3、4、5、6｝です。

事象Aは「奇数の目が出る」で、式にするとA＝｛1、3、5｝、
事象Bは「3の目が出る」で、式にするとB＝｛3｝です。
P（A）はAとなる確率、つまり「奇数の目が出る確率」です。

A：奇数	Ā：偶数
1 3 5	2 4 6

1〜6の目から奇数の目1、3、5が出る確率なので、

$$P(A) = \cfrac{\boxed{\begin{array}{c} A \\ \boxed{1}\ \boxed{3}\ \boxed{5} \end{array}}}{\boxed{\begin{array}{c} U \\ \boxed{1}\ \boxed{2}\ \boxed{3}\ \boxed{4}\ \boxed{5}\ \boxed{6} \end{array}}} = \frac{3}{6} = \frac{1}{2}$$

P（B）はBとなる確率、つまり「3の目が出る確率」です。

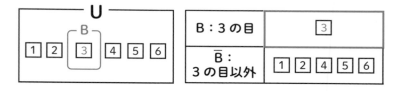

B：3の目	3				
B̄：3の目以外	1	2	4	5	6

1〜6の目から3の目が出る確率なので、

$$P(B) = \cfrac{\boxed{\begin{array}{c} B \\ \boxed{3} \end{array}}}{\boxed{\begin{array}{c} U \\ \boxed{1}\ \boxed{2}\ \boxed{3}\ \boxed{4}\ \boxed{5}\ \boxed{6} \end{array}}} = \frac{1}{6}$$

　P（A∩B）は、A∩BつまりAかつBとなる確率です。「奇数の目」かつ「3の目」が出る確率は、3の目が出る確率と同じなので、A∩BとBは同じです。

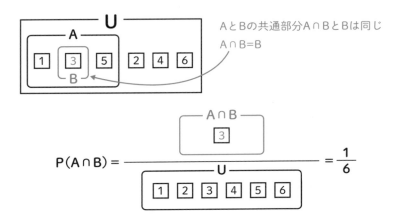

P（B｜A）は、Aが起こるときBが起こる確率、つまり「奇数の目が出たとき、それが3の目である確率」です。奇数「1、3、5」の3つの目から、3の目が出る確率を求めればよいので、

$$P(B \mid A) = \frac{\boxed{\begin{array}{c} A \cap B \\ \boxed{3} \end{array}}}{\boxed{\begin{array}{c} A \\ \boxed{1}\ \boxed{3}\ \boxed{5} \end{array}}} = \frac{1}{3}$$

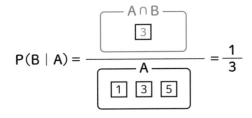

	A：奇数	Ā：偶数
B：3の目	3	なし
B̄：3の目以外	1 5	2 4 6

ここで、条件付き確率の公式に照らし合わせてみましょう。条件付き確率の公式は、

$$P(B \mid A) = \frac{P(A \cap B)}{P(A)} = \frac{A かつ B が起こる確率}{A が起きる確率}$$

でした。ここまでで求めた、

$$P(A) = \frac{1}{2} 、 P(A \cap B) = \frac{1}{6} 、 P(B \mid A) = \frac{1}{3}$$

を用いて確認すると、

$$P(B \mid A) = \frac{P(A \cap B)}{P(A)} = \frac{\dfrac{1}{6}}{\dfrac{1}{2}} = \frac{1}{3}$$

となり、公式が成り立つことがわかります。

　条件付き確率は上の式のように、分数の分母・分子が分数となる繁分数のため、複雑に感じます。本書では、分数に分数が入る形を極力避けて、イメージを理解できるように配慮していきます。

　次にP（A｜B）は、Bが起こるときAが起こる確率、つまり、3の目が出た（B）とき、それが奇数の目である（A）確率です。3の目は奇数ですから、当たり前ですね。答えは1です。

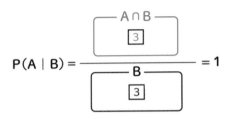

$$P(A \mid B) = \frac{\overbrace{\boxed{3}}^{A \cap B}}{\underbrace{\boxed{3}}_{B}} = 1$$

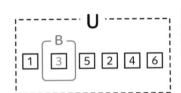

	A：奇数	Ā：偶数
B：3の目	3	なし
B̄：3の目以外	1　5	2　4　6

まとめ

・条件付き確率は繁分数なので複雑に感じる

・なるべく分数に分数が入るのを避ける

条件付き確率の有名な問題①
「3棹のたんす問題」

ここで、条件付き確率で有名な問題にも触れてみましょう。まずは「3棹(さお)のたんす問題」です。

例題

3棹のたんすがあります。この3棹のたんすには、どれも2つの引出しがあります。第1のたんすの引出しには金貨が1枚ずつ、第2のたんすの引出しには金貨と銀貨が1枚ずつ、第3のたんすの引出しには銀貨が1枚ずつ入っています。

今、無作為に1つのたんすを選んで1つの引出しを開けたら、金貨が入っていました。このたんすのもう1つの引出しに金貨が入っている確率を求めてください。

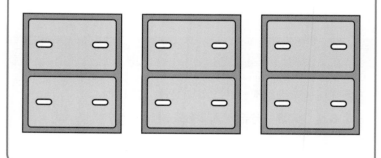

　問題文の状況を、まとめてみましょう。たんすをX、Y、Zとし、金貨に1〜3、銀貨に4〜6の番号を付けます。

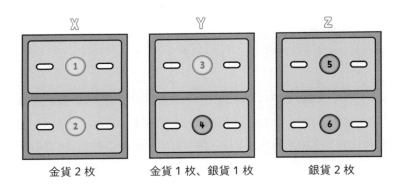

　　金貨2枚　　　　　金貨1枚、銀貨1枚　　　　　銀貨2枚

「1つのたんすを開けたら金貨だったのだから、箱はXかYのはず。そして残りの1つも金貨が入っているのはXだから、求める確率は $\frac{1}{2}$ 」とやってしまいそうです。しかし、答えをいうと、求める確率は $\frac{2}{3}$ です。なぜでしょうか？

　具体的に考えてみましょう。1つ目の引出しを開けたら、金貨が入っていたのですから、その金貨は1〜3のどれかのはずです。

金貨1を取り出したら、もう1つは金貨2→○
金貨2を取り出したら、もう1つは金貨1→○
金貨3を取り出したら、もう1つは銀貨4→×

よって、求める確率は $\frac{2}{3}$ です。

次に、これを条件付き確率に当てはめてみましょう。

事象A：1つのたんすを選んで1つの引出しを開けたら、金貨
　　　　が入っている。
事象B：残りの引出しに、金貨が入っている。

とします。このとき、P（A）、P（A∩B）、P（B｜A）の順で求め
ていきましょう。P（A）は「1つたんすを選んで1つの引出しを
開けたら、金貨が入っている」確率です。金銀の硬貨は6枚あり
ます。そのうち金貨は3枚なので、求める確率はP（A）$= \frac{3}{6}$
$= \frac{1}{2}$ ですね。

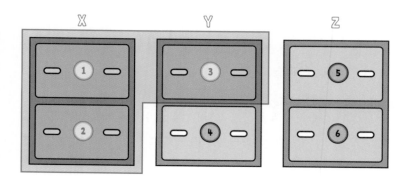

　次にA∩Bの確率、つまり、「1つたんすを選んで1つの引出
しを開けたら、金貨が入っていて、残りの引出しにも金貨が入っ
ている」確率P（A∩B）を求めます。これは、たんすX、たんす
Y、たんすZから、たんすXを選べばよいので、

$$P(A \cap B) = \frac{1}{3}$$

　求めるのは、「1つたんすを選んで1つの引出しを開けたら、金貨が入っている」（A）ときに、「残りの引出しにも、金貨が入っている」（B）確率です。

　つまり、AのときBになる確率で、記号ではP（B｜A）です。

$$P(B \mid A) = \frac{P(A \cap B)}{P(A)} = \frac{\frac{1}{3}}{\frac{1}{2}} = \frac{2}{3}$$

まとめ

・正解は $\frac{1}{2}$ ではない！

・求めるのは「1つたんすを選んで1つの引出しを開けたら、金貨が入っている」ときに、「残りの引出しにも、金貨が入っている」確率

条件付き確率の有名な問題②

「帽子をよその家に忘れてしまうK君」の問題

例題

　5回に1回の割合で帽子を忘れるくせのあるK君が、正月にA家、B家、C家の順に3軒を年始回りしました。ところが、K君が家に帰ったとき、帽子を忘れてきたことに気がつきました。2番目のB家に忘れてきた確率を求めてください。

問題文の状況を視覚化してみましょう。

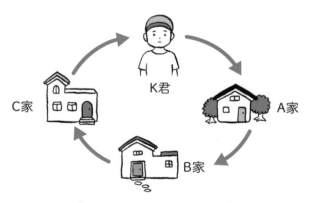

　A家を出たとき$\frac{1}{5}$の確率で帽子を忘れ、$\frac{4}{5}$の確率で帽子をかぶってB家に向かいます。確率の計算は分数になるので、分数計算を回避するために、思い切って「1000人のK君に年始回り」してもらいましょう。1000人のK君がA家を出たとき、

$\frac{1}{5}$は帽子を忘れるので、$1000 \times \frac{1}{5} = 200$人のK君は帽子を忘れ、$1000 \times \frac{4}{5} = 800$人のK君は帽子をかぶってB家に向かいます。

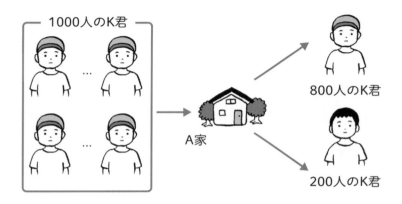

B家についた時点で帽子をかぶっているのは800人です。この800人のうち、$800 \times \frac{1}{5} = 160$人のK君は帽子を忘れ、$800 \times \frac{4}{5} = 640$人のK君は帽子をかぶってC家に向かいます。

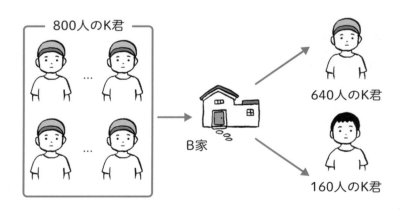

C家についた時点で帽子をかぶっているのは640人です。この640人のうち、$640 \times \dfrac{1}{5} = 128$人のK君は帽子を忘れ、$640 \times \dfrac{4}{5} = 512$人のK君は帽子をかぶっています。

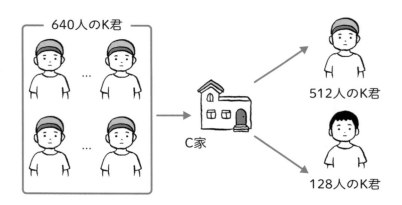

640人のK君

512人のK君

C家

128人のK君

これをまとめると、

	A家を出た	B家を出た	C家を出た
帽子を忘れない	800人	640人	512人
帽子を忘れる	200人	160人	128人

帽子を忘れたK君のうち、B家で忘れたK君が知りたいので、

$$\frac{160}{200+160+128} = \frac{160}{488} = \frac{20}{61}$$

　これを、確率の式を使って検証していきましょう。
　まず事象を、K君がそれぞれの家で「帽子をかぶって出る場合」「帽子を忘れて出る場合」に分けて整理します。

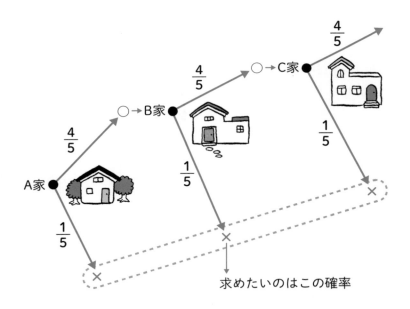

求めたいのはこの確率

　また、
事象A：K君がA家で帽子をかぶって出る
事象B：K君がB家で帽子をかぶって出る
事象C：K君がC家で帽子をかぶって出る
事象D：K君がA家で帽子を忘れて出る
事象E：K君がB家で帽子を忘れて出る
事象F：K君がC家で帽子を忘れて出る

とします。例題に「帽子を忘れてきたことに気がつきました」とあるので、A家、B家、C家のそれぞれの場所で帽子を忘れた確率を求める必要があります。

A家で帽子を忘れて出る確率は、P (D) です。

B家で帽子を忘れて出る確率は、A家で帽子をかぶって出て、B家で帽子を忘れて出る確率になるので、P (A∩E) です。A家で帽子をかぶって出る確率はP (A) です。

C家で帽子を忘れた確率は、A家とB家で帽子をかぶって出て、C家で帽子を忘れて出る確率なので、P (A∩B∩F) です。A家、B家で帽子をかぶって出る確率は、P (A∩B) です。

ここから、P (A)、P (D)、P (A∩E)、P (A∩B)、P (A∩B∩F) の順に、必要な確率を求めていきましょう。

なお、A家、B家、C家のすべてで帽子を忘れずに年始回りが終わる確率P (A∩B∩C) は、この例題を解く上で必要ありませんが、結果を最後に紹介します。

P (A) は、K君がA家で帽子をかぶって出る確率なので、

$$P (A) = \frac{4}{5}$$

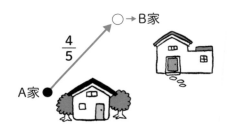

P（D）は、K君がA家で帽子を忘れて出る確率なので、

$$P（D）= \frac{1}{5}$$

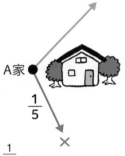

A家

$$\frac{1}{5}$$

×

※同様にP（E）、P（F）も $\frac{1}{5}$

P（A∩E）は、K君がA家で帽子をかぶって出て、B家で帽子を忘れて出る確率なので、

$$P（A∩E）= \frac{4}{5} × \frac{1}{5}$$

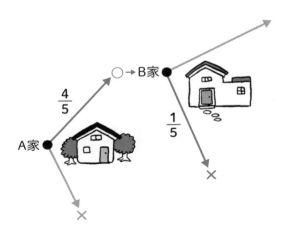

○→B家

$$\frac{4}{5}$$

$$\frac{1}{5}$$

A家

×

×

P（A∩B）は、K君がA家、B家で帽子をかぶって出る確率なので、

$$P(A \cap B) = \frac{4}{5} \times \frac{4}{5}$$

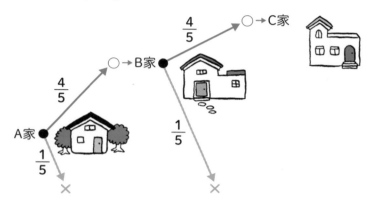

P（A∩B∩F）は、K君が帽子をかぶってA家、B家を出て、C家で帽子を忘れて出る確率なので、

$$P(A \cap B \cap F) = \frac{4}{5} \times \frac{4}{5} \times \frac{1}{5}$$

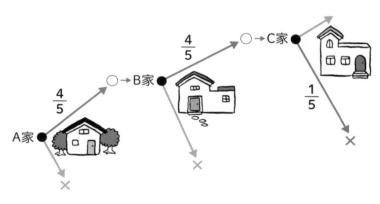

　$P(A \cap B \cap C)$ はK君が帽子をかぶってA家、B家、C家を出る確率なので、

$$P(A \cap B \cap C) = \frac{4}{5} \times \frac{4}{5} \times \frac{4}{5}$$

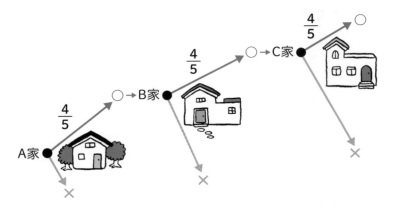

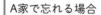

帽子を忘れる場合

A家で忘れる場合

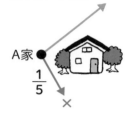

$$P(D) = \frac{1}{5}$$

求める場合

B家で忘れる場合

$$P(A \cap E) = \frac{4}{5} \times \frac{1}{5}$$

C家で忘れる場合

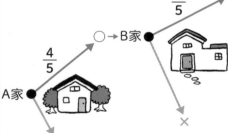

$$P(A \cap B \cap F) = \frac{4}{5} \times \frac{4}{5} \times \frac{1}{5}$$

　以上のようにして調べた確率をまとめると、下の表のように
なります。

	A家を出た	B家を出た	C家を出た
帽子を忘れない	$\dfrac{4}{5}$	$\dfrac{4}{5} \times \dfrac{4}{5}$	$\dfrac{4}{5} \times \dfrac{4}{5} \times \dfrac{4}{5}$
帽子を忘れる	$\dfrac{1}{5}$	$\dfrac{4}{5} \times \dfrac{1}{5}$	$\dfrac{4}{5} \times \dfrac{4}{5} \times \dfrac{1}{5}$

　ですから、K君が2番目のB家に帽子を忘れてきた確率は次
のようになります。

$$\frac{\dfrac{4}{5} \times \dfrac{1}{5}}{\dfrac{1}{5} + \left(\dfrac{4}{5} \times \dfrac{1}{5}\right) + \left(\dfrac{4}{5} \times \dfrac{4}{5} \times \dfrac{1}{5}\right)} = \frac{\dfrac{4}{25}}{\dfrac{1}{5} + \dfrac{4}{25} \times \dfrac{16}{125}}$$

この式の分母と分子を125倍すると答えが求められますが、あえて分母と分子を1000倍すると、

$$\frac{160}{200+160+128} = \frac{160}{488} = \frac{20}{61}$$

この式に見覚えはありませんか？　そうです。112ページの式と同じです。119ページの表も1000倍すると、112ページで見た数字になります。

	A家を出た	B家を出た	C家を出た
帽子を忘れない	800人	640人	512人
帽子を忘れる	200人	160人	128人

なお、この式 $\left(\frac{160}{200+160+128} \right)$ を記号で書くと、

$$\frac{P(A \cap E)}{P(D) + P(A \cap E) + P(A \cap B \cap F)}$$

と、おぞましい式になりますが、教科書では、このように記号でまとめられることも多いです。K君が帽子を忘れる確率事象をGとすると、分母はP (G)とまとめられるので、

$$\frac{P(A \cap E)}{P(G)}$$

とまとめることもできます。

まとめ
・分数の計算を避けるため、1000倍して計算する

条件付き確率は「直感」にだまされやすい

　11本中4本の当たりがあるくじを引きます。ただし、引いたくじはもとに戻さないものとします。当たりくじを●、はずれくじを○とします。

事象A：1回目に
　　　　当たりくじを引く
事象B：2回目に
　　　　当たりくじを引く

とするとき、P（A）、P（A∩B）、P（B｜A）、P（B）、P（A｜B）、の意味と値を求めてください。

　P（A）は、Aが起こる確率、つまり「1回目に当たりくじを引く」確率です。11本中4本の当たりくじがあるので、

$$P(A) = \frac{4}{11}$$

です。P（A∩B）はAかつBが起こる確率、つまり「1回目に当たりくじを引き、2回目にも当たりくじを引く」確率です。

1回目に当たりくじを引く ➡ 2回目に当たりくじを引く

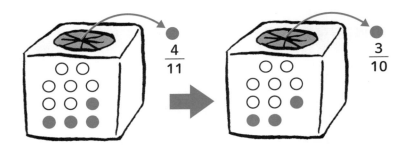

$$P(A \cap B) = \frac{4}{11} \times \boxed{\frac{3}{10}} = \frac{6}{55}$$

　P(B｜A)は、Aのとき（条件）Bとなる確率、つまり1回目に当たりくじを引いたとき（条件）、2回目にも当たりくじを引く確率です。そのため、P(A∩B)を求めるときに使った囲み（□）部分の確率$\left(\frac{3}{10}\right)$だけが条件付き確率となるので利用します。

$$P(B｜A) = \frac{3}{10}$$

注：P(B｜A)→Aのとき（条件）Bとなる確率→Bのみが起こる確率
　　P(A∩B)→AかつBが起こる確率→AもBも起こる確率

　P(B)はBが起こる確率、つまり2回目に当たりくじを引く確率なので、次のように①、②に場合分けをして考えていきます。

①1回目に当たりくじを引いて、2回目にも当たりくじを引く
　（P（A∩B））
②1回目にはずれくじを引いて、2回目に当たりくじを引く

　①はP（A∩B）で、先ほど求めました。そこで②を考えます。

1回目にはずれくじを引く　➡　2回目に当たりくじを引く

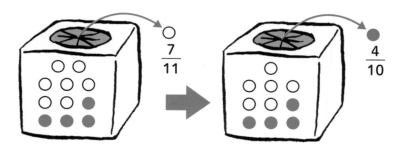

$$P(B) = \frac{4}{11} \times \frac{3}{10} + \frac{7}{11} \times \frac{4}{10} = \frac{6}{55} + \frac{14}{55} = \frac{20}{55} = \frac{4}{11}$$

　　　　　↑　　　　　　↑
　①: P(A∩B)　　　1回目にはずれくじを引き、
　　　　　　　　　2回目に当たりくじを引く確率

　これは2回目に当たりくじを引く確率ですが、1回目に当たりくじを引く確率P（A）と同じです。偶然でしょうか?

　いいえ、偶然ではありません。3回目に当たりくじを引く確率も、4回目に当たりくじを引く確率も同じです。「残りものには福がある」とよくいいますが、確率は変わりません。年末ジャンボ宝くじを一番はじめに購入しても、最終日に並んで購入しても、1等が当たる確率は同じなのです。

　P（A｜B）は、2回目に当たりくじを引いたとき、1回目でも当たりくじを引いていた確率です。1回目に当たりくじを引く確率なので、

$$P(A \mid B) = \frac{4}{11}$$

としてしまいそうですが、これはダメです。「2回目に当たりくじを引いたとき、1回目も当たりくじ」のように、**時間が逆行する確率を求める**ことは普段あまりありません。普段求めないような問題を解くときは、答えが直感とずれることがあります。そこで、条件付き確率の公式に代入して計算すると、

$$P(A \mid B) = \frac{P(A \cap B)}{P(B)} = \frac{\dfrac{6}{55}}{\dfrac{4}{11}} = \frac{3}{10}$$

となります。この結果は、当たりくじを引く確率 $\dfrac{4}{11}$ とずれています。この理由を探るため、次の例題を考えてみましょう。

11本中4本の当たりがあるくじを引きます。1回目に引いたくじの当たり、はずれを確認せず、2回目以降のくじを引きます。2回目、3回目、4回目、5回目に連続して当たりくじを引いたとき、1回目に当たりくじを引いていた確率を求めてください。

このような条件が付いた問題でも、1回目に当たりくじを引く確率は $\frac{4}{11}$ でしょうか？

1回目にはずれくじを引く ➡ 2回目に当たりくじを引く

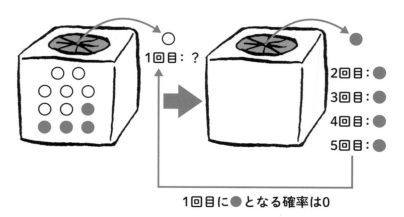

1回目：？

2回目：●
3回目：●
4回目：●
5回目：●

1回目に●となる確率は0

　2回目、3回目、4回目、5回目で当たりくじを引いています
から、当たりくじは残っていません。つまり、1回目に当たり
くじを引いている確率は0です。

　この例題からわかる通り、確率は変わりませんが、「条件付
き」確率は変わります。「条件付き」確率は、直感を裏切る数
学で、未来は過去に影響を与えるのです。

　この考え方は「ベイズの定理」につながります。また、直感
を裏切る問題である「モンティ・ホール問題」や「3囚人の問題」
（第4章）などにもつながります。

まとめ

・年末ジャンボ宝くじは、一番最初に買っても最終日に買っ
　ても、1等が当たる確率は同じ
・普段求めない問題を解くときは、答えが直感とずれるこ
　とがある
・「確率」は変わらないが、「条件付き確率」は変わる

「ベイズの定理」を導く！

　ここでは、次の例題を通して、**ベイズの定理**ができる過程を考えていきます。

例題

　ある学校のあるクラスで、家庭用ゲーム機とパソコンの保有率を調べました。

- Xさんによると、家庭用ゲーム機とパソコンの両方を保有している人は30％
- Yさんによると、家庭用ゲーム機を保有している人は50％で、その中でパソコンを保有している人は60％
- Zさんによると、パソコンを保有している人は60％で、その中で家庭用ゲーム機を保有している人は50％

事象A：家庭用ゲーム機を保有している人
事象B：パソコンを保有している人

とするとき、

Xさんの証言から、P（A∩B）
Yさんの証言から、P（A）、P（B｜A）、P（A∩B）
Zさんの証言から、P（B）、P（A｜B）、P（A∩B）

を求めてください。

A：ゲーム機 & B：パソコン	B：パソコン だけ
A：ゲーム機 だけ	どちらも 保有しない

　Xさんによると、家庭用ゲーム機とパソコンの両方を保有している人は30％なので、

$$P(A \cap B) = \frac{30}{100} = \frac{3}{10}$$

　Yさんによると、家庭用ゲーム機を保有している人は50％で、その中でパソコンを保有している人は60％なので、

条件付き確率

$$P(A) = \frac{50}{100}, \quad P(B\mid A) = \frac{60}{100}, \quad P(A\cap B) = \frac{50}{100} \times \frac{60}{100} = \frac{3}{10}$$

これより、$P(A) \times P(B\mid A) = P(A\cap B)$ ……①

となります。

Zさんによると、パソコンを保有している人は60％で、その中で家庭用ゲーム機を保有している人は50％なので、

条件付き確率

$$P(B) = \frac{60}{100}, \quad P(A\mid B) = \frac{50}{100}, \quad P(A\cap B) = \frac{60}{100} \times \frac{50}{100} = \frac{3}{10}$$

これより、$P(B) \times P(A\mid B) = P(A\cap B)$ ……②

となります。①と②は同じなのでつなげると、

$$P(A \cap B) = P(A) \times P(B \mid A) = P(B) \times P(A \mid B)$$

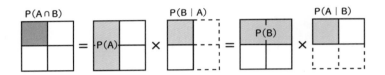

です。この式を「÷P（B）」した後、P（A｜B）を左辺に移動すると、条件付き確率の式とベイズの定理になります。

$$P(A \mid B) = \frac{P(A \cap B)}{P(B)} = \frac{P(B \mid A) \times P(A)}{P(B)}$$

条件付き確率の式 ベイズの定理

覚え方は、

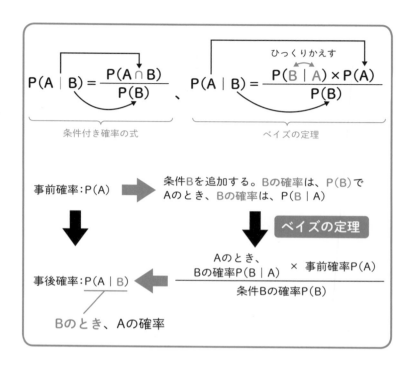

となります。この式を見て、ベイズの定理が嫌になるのですが、大事なポイントは1つです。

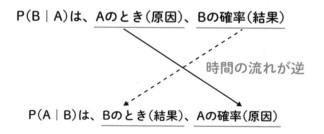

　ベイズの定理は「結果がわかっているときに、原因を探る場合」に活躍します。つまり、「時間の流れが逆になっている」場合に活躍するのです。

　また、ベイズの定理では、P (A)、P (A｜B)、P (A∩B)、P (B)、P (B｜A) のそれぞれに名前がついています。

　P (A) (Aとなる確率) を事前確率、P (A｜B) (BのときAとなる確率) を事後確率、P (A∩B) を同時確率、P (B｜A) を尤度、分母にあるP (B) を周辺尤度といいます。

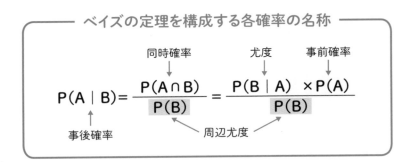

ベイズの定理を構成する各確率の名称

同時確率　　　　　尤度　　　事前確率

$$P(A\mid B)=\frac{P(A\cap B)}{P(B)}=\frac{P(B\mid A)\times P(A)}{P(B)}$$

事後確率　　　　　周辺尤度

「ベイズの定理」を使って解いてみよう

例題

　A、Bの２つのエリアを担当している営業パーソンがいます。この営業パーソンはエリアAに営業に行く確率が0.6、エリアBに営業に行く確率が0.4です。天気予報によると、エリアAで雨の降る確率が0.7、エリアBで雨の降る確率が0.5とわかっているとします。

事象A：エリアAに営業に行く
事象B：エリアBに営業に行く
事象C：雨が降る

とします。P（A）、P（B）、P（C｜A）、P（C｜B）、P（C）の記号の意味と値を求めた上で、
「雨が降ったとき、営業でエリアAにいた確率」
および
「雨が降ったとき、営業でエリアBにいた確率」
の記号と値を求めてください。

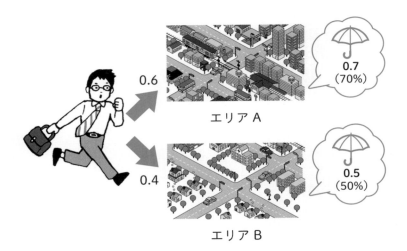

エリア A

エリア B

P（A）は、エリアAに営業に行く確率なので、

P（A）= 0.6

P（B）は、エリアBに営業に行く確率なので、

P（B）= 0.4

P（C｜A）は、<u>エリアAに営業に行く</u>とき、<u>雨が降る</u>確率なので、
　　　　　　　　事象A　　　　　　　　　　　　　事象C

P（C｜A）= 0.7

P（C｜B）は、<u>エリアBに営業に行く</u>とき、<u>雨が降る</u>確率なので、
　　　　　　　　事象B　　　　　　　　　　　　　事象C

P（C｜B）= 0.5

P（C）は、①：エリアAに営業に行くとき、雨が降る確率

　　　　　②：エリアBに営業に行くとき、雨が降る確率

の2つがあるので、

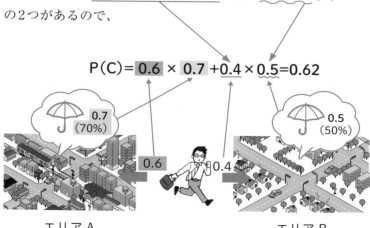

$$P(C) = 0.6 \times 0.7 + 0.4 \times 0.5 = 0.62$$

エリア A　　　　　　　　　　　　　　エリア B

これで準備が整いました。

　　　　事象C　　　　　　　　　　　事象A
　雨が降ったとき、営業でエリアAにいた確率P（A｜C）は、
ベイズの定理より、

ひっくりかえす

$$P(A\mid C) = \frac{P(C\mid A) \times P(A)}{P(C)} = \frac{0.7 \times 0.6}{0.62} = \frac{0.42}{0.62} = \frac{21}{31}$$

事象C　　　　　　　　　事象B
雨が降ったとき、営業でエリアBにいた確率P（B｜C）は、ベイズの定理より、

$$P(B \mid C) = \frac{P(C \mid B) \times P(B)}{P(C)} = \frac{0.5 \times 0.4}{0.62} = \frac{0.2}{0.62} = \frac{10}{31}$$

ひっくりかえす

まとめ

・ベイズの定理は「すでにわかっている結果の原因」を探る
　ときに活躍する
・時間の流れが逆になっているときに活躍する
・ベイズの定理を構成する各確率の名称

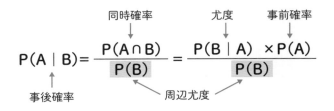

同時確率　　　　　　　　尤度　　　　事前確率

$$P(A \mid B) = \frac{P(A \cap B)}{P(B)} = \frac{P(B \mid A) \times P(A)}{P(B)}$$

事後確率　　　　　　　　周辺尤度

第4章
「ベイズの定理」を
具体例で理解する

ベイズ統計を支えているのは「ベイズの定理」です。ここでは、ベイズの定理にまつわる「モンティ・ホールの問題」「3囚人の問題」、そして昨今話題となった「ウイルス検査の信頼性に関する問題」などを通して、ベイズの定理を実感していきましょう。

モンティ・ホール（Monty Hall）問題
ドアを変更したほうがいい？　変更しても同じ？

　第4章では「ベイズの定理」を、有名な問題（具体例）を解きながら理解していきましょう。

例題

　プレーヤーの前に、閉じた3枚のドアがあります。1枚のドアの後ろには「当たり」として新車が、他の2枚のドアの後ろには、「はずれ」として動物のヤギがいます。

　プレーヤーは当たり（新車）のドアを当てると新車がもらえます。プレーヤーは、1枚のドアを選択した後（例えばドアB）、司会者のモンティ・ホールが残りのドアのうちヤギがいるドア（例えばドアC）を開けてヤギを見せます。

　ここでプレーヤーは、司会者から、「最初に選んだ『ドアB』を、もう1枚の開けられていない『ドアA』に変更してもよい」といわれます。さて、ここで問題です。

　プレーヤーはドアを変更したほうがいいのでしょうか？

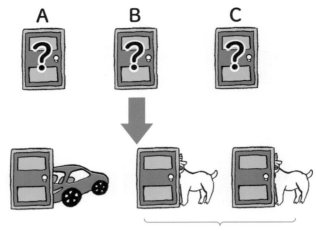

1枚のドア：当たり（新車）　　2枚のドア：はずれ（ヤギ）

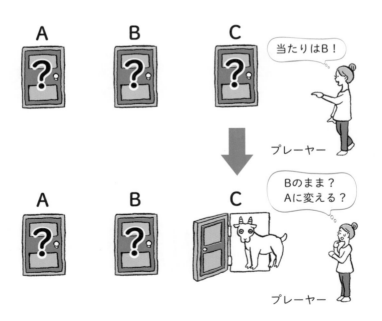

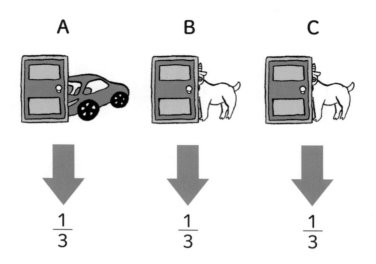

「確率は、いつも同じ $\frac{1}{3}$ だから、ドアを変えても新車が手に入る確率は変わらない！ だから、変更してもしなくても確率は同じ！」

と思ってしまいそうですが、本当にそうでしょうか？

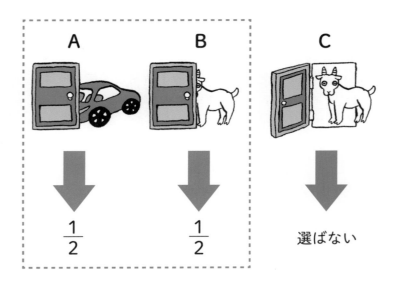

「司会者に開けられたドアCははずれなので選ばない。2枚の
ドアのうち1枚が当たりだから、新車が手に入る確率は $\dfrac{1}{2}$ 」

　この考え方も、よさそうです。検証してみましょう。

● モンティ・ホール問題の解説①：ドアを変えない場合

　結論は、開ける扉を「変える場合」と「変えない場合」で確率が違います。ドアを変えない場合、新車が手に入る確率は $\frac{1}{3}$ で、ドアを変える場合、新車が手に入る確率は $\frac{2}{3}$ です。

　具体的に見ていきましょう。まず、ドアを変えない場合を考えます。

　Aが当たりだとします。状況は以下の通りです。

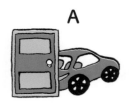

1枚のドア：当たり（新車）

2枚のドア：はずれ（ヤギ）

（1）Aを選ぶ場合

司会者は、BもしくはCのドアを開きます（ここではBのドアを開きます）。

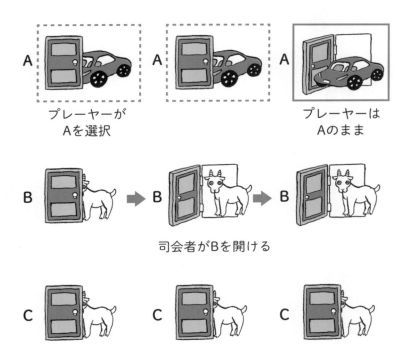

開けるドアを変えないので**当たりとなり、新車が手に入ります**。

(2) Bを選ぶ場合 ➡ 司会者はCのドアを開きます。

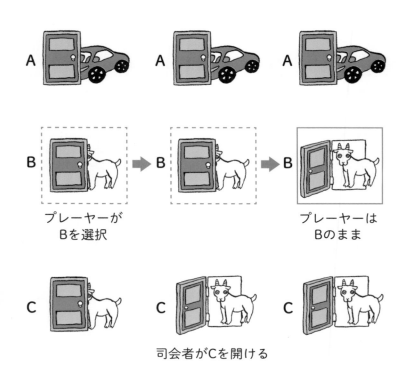

プレーヤーが
Bを選択

プレーヤーは
Bのまま

司会者がCを開ける

開ける扉を変えないので、**はずれとなります。**

(3) Cを選ぶ場合 ➡ 司会者はBのドアを開きます。

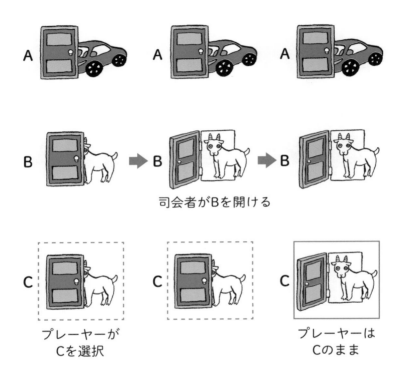

司会者がBを開ける

プレーヤーが
Cを選択

プレーヤーは
Cのまま

　開ける扉を変えないので、**はずれとなります**。

　(1) ～ (3) の同様に確からしい3通りのうち、当たりとなるの
は (1) なので、新車が手に入る確率は $\frac{1}{3}$ です。新車がBにあ
る場合も、新車がCにある場合も同じです。司会者が、はずれ
のドアを開けたあと、そのまま自分が開けるドアを変えなけれ
ば、私たちがいつも利用している確率の結果と同じになります。

● モンティ・ホール問題の解説②：ドアを変える場合

　次は選んだドアを変える場合です。具体的に見ていきましょう。状況は次の通りです。

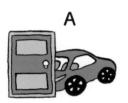

1枚のドア：当たり（新車）

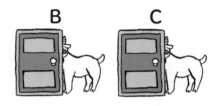

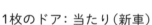

2枚のドア：はずれ（ヤギ）

（1）最初にAのドアを選んでから変更する場合

司会者は、BもしくはCのドアを開きます（ここではBのドアを開きます）。

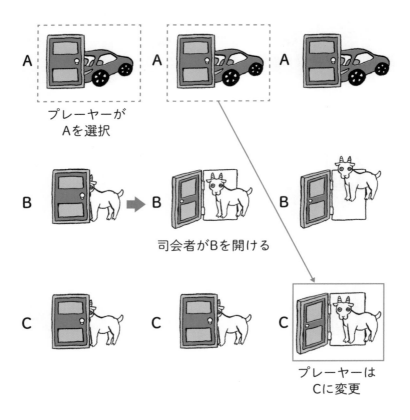

プレーヤーが
Aを選択

司会者がBを開ける

プレーヤーは
Cに変更

開けるドアをAからCに変えたので、はずれとなります。

（2）最初にBのドアを選んでから変更する場合 ➡ 司会者はCのドアを開きます。

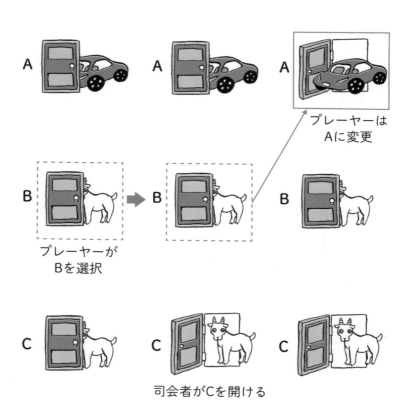

プレーヤーは
Aに変更

プレーヤーが
Bを選択

司会者がCを開ける

　開けるドアをBからAに変えたので、当たりとなり、新車が手に入ります。

(3) 最初にCのドアを選んでから変更する場合 ➡ 司会者はB
のドアを開きます。

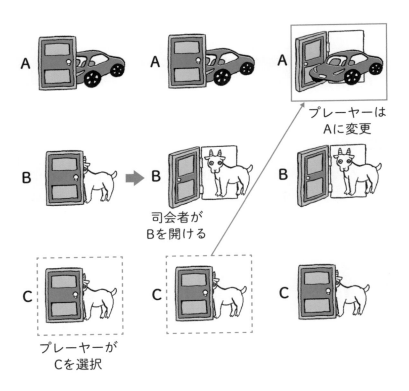

プレーヤーは
Aに変更

司会者が
Bを開ける

プレーヤーが
Cを選択

開けるドアをCからAに変えたので、当たりとなり、新車が
手に入ります。

同様に確からしい (1) 〜 (3) の3通りのうち、当たりとなる
のは (2) と (3) なので、新車が手に入る確率は $\frac{2}{3}$ です。Bに新

車に入っている場合も、Cに新車が入っている場合も同じです。
なんと、当たり（新車が手に入る）の確率が上がりました。

　このように、確率には**直感と異なる場合**もあります。

●「納得できない！」人は「極端な例」で考えてみよう

　納得できない人がいるかもしれませんね。そんなときは「極端な具体例」を利用してイメージしましょう。今度はドアを9枚準備してみます。

例題

　プレーヤーの前に閉じた9枚のドアがあって、1枚のドアの後ろには当たりとして新車が、残り8枚のドアの後ろには、はずれとしてヤギがいます。プレーヤーは当たり（新車）のドアを開くと新車がもらえます。プレーヤーが1枚のドアを選択した後
（今回はA）、司会者が残りのドアのうち、ヤギがいるドア（B、C、D、F、G、H、I）7枚を開けてヤギを見せます。プレーヤーはドアを変えたほうがよいのでしょうか？

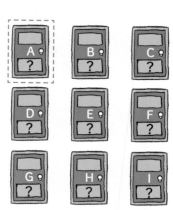

ドアを変えない場合は、確率は変わらないので $\frac{1}{9}$ です（今回は当たりのドアをEとしています）。

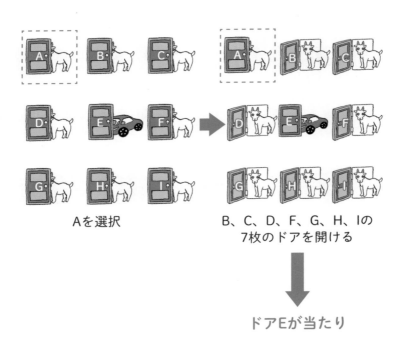

Aを選択

B、C、D、F、G、H、Iの
7枚のドアを開ける

ドアEが当たり

ドアAが当たりの確率は $\frac{1}{9}$ なので、ドアA以外（ドアB～I）に当たりがある確率は $\frac{8}{9}$ です。司会者が当たりとはならないB、C、D、F、G、H、Iを開けるため、ドアA以外に当たりがある確率 $\frac{8}{9}$ が、ドアEが当たりとなる確率となります。ドアを変更しないのはもったいないですね。

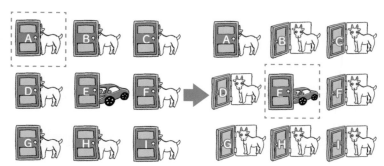

Aを選択

B、C、D、F、G、H、Iの
7枚のドアを開ける→ドア Eに変更

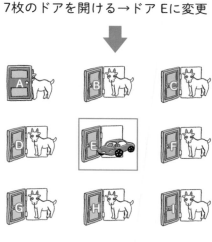

● 「モンティ・ホール問題」を数学的に検証する

　それでは、式を使って「モンティ・ホール問題」を検証して
いきましょう。プレーヤーはドアAを選んだとします。

当たり（新車）　　　　　　　　　　**はずれ（ヤギ）**

事象A：ドアAに新車がある場合　　　➡　確率はP（A）

事象B：ドアBに新車がある場合　　　➡　確率はP（B）

事象C：ドアCに新車がある場合　　　➡　確率はP（C）

事象a：モンティ・ホールがドアAを開ける　➡　確率はP（a）

事象b：モンティ・ホールがドアBを開ける　➡　確率はP（b）

事象c：モンティ・ホールがドアCを開ける　➡　確率はP（c）

とします。

　P（A）、P（B）、P（C）、P（b｜A）、P（b｜B）、P（b｜C）、P（b）、
P（A｜b）、P（C｜b）

を求めましょう。

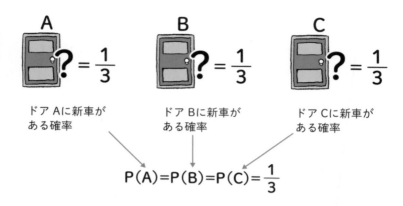

A
ドア Aに新車が
ある確率

B
ドア Bに新車が
ある確率

C
ドア Cに新車が
ある確率

$$P(A)=P(B)=P(C)=\frac{1}{3}$$

$P(b|A)$：<u>事象A</u>
<u>ドアAに新車がある</u>とき、<u>事象b</u>
<u>モンティ・ホールがドア</u>
<u>Bを開ける</u>

確率です。モンティ・ホールはドアB、ドアCのどちらを開け
てもよいので、ドアBを開ける確率もドアCを開ける確率も同
じです。これにより、

モンティ・ホールがBかCのいずれかを開ける

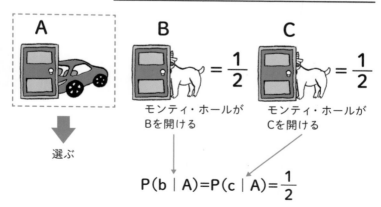

A

選ぶ

B
モンティ・ホールが
Bを開ける

$= \frac{1}{2}$

C
モンティ・ホールが
Cを開ける

$= \frac{1}{2}$

$$P(b|A)=P(c|A)=\frac{1}{2}$$

$$P(b \mid B):\underset{\text{事象B}}{\underline{\text{ドアBに新車がある}}}\text{とき、}\underset{\text{事象b}}{\underline{\text{モンティ・ホールがドア}}}$$

$$\underline{\text{Bを開ける}}$$

ことはないので、

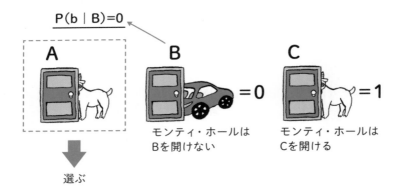

$P(b \mid B)=0$

A

B

モンティ・ホールは
Bを開けない

=0

C

モンティ・ホールは
Cを開ける

=1

選ぶ

$$P(b \mid C):\underset{\text{事象C}}{\underline{\text{ドアCに新車がある}}}\text{とき、}\underset{\text{事象b}}{\underline{\text{モンティ・ホールはドア}}}$$

$$\underline{\text{Bを開ける}}\text{しかないので、その確率は、}$$

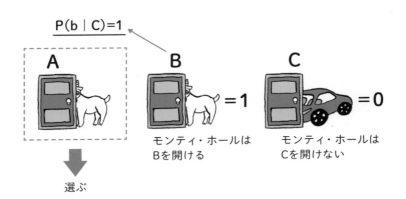

$P(b \mid C)=1$

A

B

モンティ・ホールは
Bを開ける

=1

C

モンティ・ホールは
Cを開けない

=0

選ぶ

P（b）：モンティ・ホールがドアBを開けるのは、

①：ドアAが当たりのとき、モンティ・ホールがドアBを開ける場合

②：ドアCが当たりのとき、モンティ・ホールがドアBを開ける場合

の2通り（ドアBが正解のときは、モンティ・ホールがドアBを開けることはないので省略）あるので、

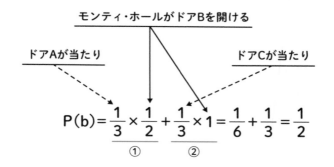

なお、これを確率の記号で表すと、

$$P(b) = \underbrace{P(A) \times P(b \mid A)}_{①} + \underbrace{P(C) \times P(b \mid C)}_{②}$$

です。

P（A｜b）は、<u>モンティ・ホールがドアBを開けたとき</u>、<u>ドアA</u>

事象b　　　　　　　　　　　　　　　事象A

に新車がある確率です。

$$P(A) = \frac{1}{3}、\quad P(b \mid A) = \frac{1}{2}、\quad P(b) = \frac{1}{2}$$

から、

ひっくりかえす

$$P(A \mid b) = \frac{P(b \mid A) \times P(A)}{P(b)} = \frac{\frac{1}{2} \times \frac{1}{3}}{\frac{1}{2}} = \frac{1}{3}$$

よって、

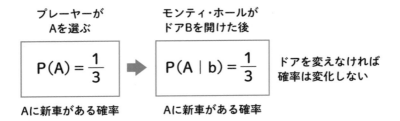

プレーヤーが
Aを選ぶ

$$P(A) = \frac{1}{3}$$

Aに新車がある確率

モンティ・ホールが
ドアBを開けた後

$$P(A \mid b) = \frac{1}{3}$$

Aに新車がある確率

ドアを変えなければ
確率は変化しない

P（C｜b）は、<u>モンティ・ホールがドアBを開けたとき</u>、<u>ドアC</u>

事象b　　　　　　　　　　　　　　　事象C

に新車がある確率です。

$$P(C) = \frac{1}{3}、\quad P(b \mid C) = 1、\quad P(b) = \frac{1}{2} \text{ から}$$

ひっくりかえす

$$P(C \mid b) = \frac{P(b \mid C) \times P(C)}{P(b)} = \frac{1 \times \dfrac{1}{3}}{\dfrac{1}{2}} = \frac{2}{3}$$

よって

プレーヤーが
Aを選ぶ

$$P(C) = \frac{1}{3}$$

Cに新車がある確率

モンティ・ホールが
ドアBを開けた後

$$P(C \mid b) = \frac{2}{3}$$

Cに新車がある確率

ドアを変えることで
新車を手に入れる
確率が上昇

まとめ

事前確率（プレーヤーがAを選ぶ）
ドアAに新車がある確率
$P(A) = \dfrac{1}{3}$

モンティ・ホールが
ドア B を開ける

事後確率
ドアAに新車がある
確率$P(A \mid b) = \dfrac{1}{3}$

ベイズの定理

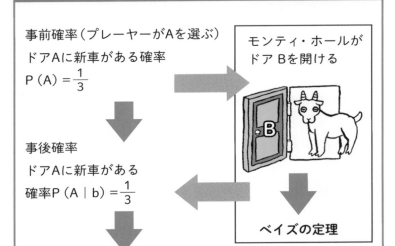

開けるドアを変えない場合、確率は変わらない。

事前確率（プレーヤーがAを選ぶ）
ドアBに新車がある確率
$P(B) = \dfrac{1}{3}$

モンティ・ホールが
ドア B を開ける

事後確率
ドアBに新車がある
確率$P(B \mid b) = 0$

ベイズの定理

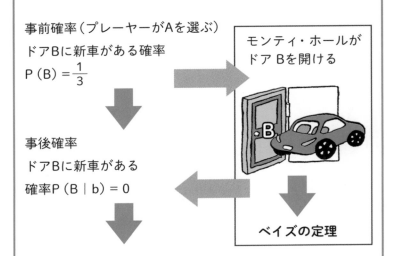

ドアBに新車がある場合、モンティ・ホールがドアを開けることはないので、確率は0

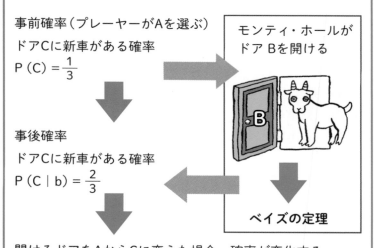

事前確率（プレーヤーがAを選ぶ）
ドアCに新車がある確率
$$P(C) = \frac{1}{3}$$

モンティ・ホールが
ドア Bを開ける

事後確率
ドアCに新車がある確率
$$P(C \mid b) = \frac{2}{3}$$

ベイズの定理

開けるドアをAからCに変えた場合、確率が変化する

「P検査とCウイルス問題」
確率を求めるときは「前提条件」がとても大切

　確率を判断する際は、**前提条件**が大事になることが多々あります。次の例題を通して考えていきましょう。

例題

　P検査は、Cウイルスに感染している人に対して60％の確率で正しい判定「陽性」を下します。この検査で「Cウイルスに感染している」と判定されている人が、実際にCウイルスに感染している確率はいくらでしょうか？

「P検査は60％の確率で正しい判定「陽性」を下すから、Cウイルスに感染している確率は60％！」

……と答えるかもしれませんが、正解は「わからない」です。

　なぜなら、Cウイルスに感染していない人の情報がないからです。「Cウイルスに感染していない人に対して40％の確率で誤判定」となるので、Cウイルスに感染していない人を誤判定してしまう確率があるはずです。この「Cウイルスに感染していない人に対する判定確率」がないので、正確な確率が出せません。

　このような検査では**感度**と**特異度**という概念を使うので、まずそれを解説します。

●「感度」は「正しく陽性と判定される確率」

　感度は、ウイルスに感染している人が、正しく陽性と判定される確率のことです。感度60％の場合、感染者100人のうち60人が正しく陽性と判定され、残りの40人が陰性と誤判定されます。誤判定された陰性を偽陰性といいます。

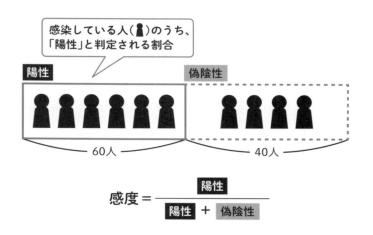

●「特異度」は「正しく陰性と判定される確率」

　特異度は、ウイルスに感染していない人が、正しく陰性と判定される確率のことです。特異度90％の場合、感染者100人のうち90人が正しく陰性と判定され、残りの10人が陽性と誤判定されます。誤判定された陽性を偽陽性といいます。

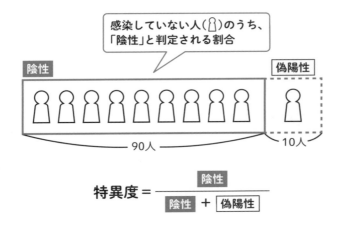

感染していない人（ 🧍 ）のうち、「陰性」と判定される割合

陰性

偽陽性

90人 10人

$$特異度 = \frac{\boxed{陰性}}{\boxed{陰性} + \boxed{偽陽性}}$$

　私たちは「体の調子が悪いなあ……病気にかかっていないかな？　ウイルスに感染していないか？」と思い病院に行き、検査・診断してもらいます。医療では、病気やウイルス感染の判定方法が数多くありますが、100％判定できる検査法は、ほぼ存在しません。そこで、検査を受ける上で知っておきたい知識を、具体的な問題を通して知っておきましょう。

例題

　Ｃウイルスに感染している人に対して、Ｐ検査は60％の確率で正しく陽性と判定します。また、Ｃウイルスに感染していない人に対して、Ｐ検査は90％の確率で正しく陰性と判定します。日本人でＣウイルスに感染している人と感染していない人の割合は0.01％と99.99％とします。検診を受けた人がＰ検査で「陽性」と判断されたとき、その人が

> 実際にCウイルスに感染している確率はどれくらいでしょうか？

　問題文から、Cウイルスに感染している人が、P検査で正しく判定される確率（感度）は60％なので、間違った判定をされる確率は100 − 60 = 40（％）です。Cウイルスに感染していない人が、P検査で正しく判定される確率は90％なので、間違った判定をされる確率は100 − 90 = 10（％）です。

　この状況を表にまとめてみます。

	P検査で陽性	P検査で陰性
Cウイルスに感染 0.01％	**60%**	40%
Cウイルスに感染していない 99.99％	10%	90%

　この例題では、P検査で「陽性」と判断された人が、実際にCウイルスに感染している確率を求めたいので、太枠の部分に着目してみましょう。

　確率の問題は、どうしても分数が必要になります。分数式を見ると苦手意識が出てくる人がいると思うので、ここでは、具体的な数に置き換えてみましょう。例えば、今回の問いを「100000（10万）人」に適用してみます。

　Cウイルスに感染しているのは0.01％なので、

100000 × 0.0001 = 10（人）

　Cウイルスに感染していないのは、100000 − 10 = 99990（人）です。

　Cウイルスに感染している10人中、陽性は60％なので、
10 × 0.6 = 6人
　Cウイルスに感染している10人中、陰性は40％なので、
10 × 0.4 = 4人

　Cウイルスに感染していない99990人中、陽性は10％なので、
99990 × 0.1 = 9999（人）
　Cウイルスに感染していない99990人中、陰性は90％なので、
99990 × 0.9 = 89991（人）です。

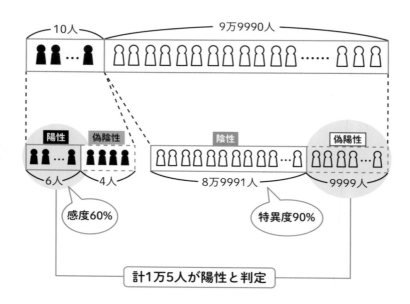

これを表にまとめると以下のようになります。

	P検査で陽性	P検査で陰性
Cウイルスに感染 10人	6人	4人
Cウイルスに 感染していない 99990人	9999人	89991人

　全員が受けた場合、P検査で「陽性」と判定された人は、6＋9999＝10005（約1万）（人）です。実際にウイルスに感染しているのが10人なのに、P検査で「陽性」になった人は約1万人（10005人）ですから、1000倍ほどの違いがあります。

　Cウイルスに感染しているのは6人なので、求める確率は、

$$\frac{6}{6+9999} = \frac{6}{10005} = \frac{2}{3335} = \frac{1}{1667.5}$$

　この結果を見ると、P検査で陽性になった約1万人のうち、6人しかCウイルスに感染していないことになります。また、この結果が示すことは、ウイルスに感染していないのに、9999人は陽性と誤判定されてしまうことです。つまり、医学的な検査を手あたり次第に行うと、誤判定となる可能性もあるのです。例題にあるP検査のような検査をする場合は、「ウイルスに感染したときの症状が出た人に行う」「検査する地域を絞る」「年齢を絞る」など、適切な制限が必要になります。適切に制限することで、問題にあるような条件（例えば感染している人の割合：罹患率）が変わり、検査の精度が上がっていきます。たとえ医学が発展しても、検査は正しい条件で正しく調べる必要があります。

　確率の式に従って、きちんと計算した結果も見ていきましょう。

	P検査で陽性	P検査で陰性
Cウイルスに感染 0.01%	60%	40%
Cウイルスに感染 していない 99.99%	10%	90%

事象A：P検査で陽性

事象B：P検査で陰性

事象C：Cウイルスに感染している

事象D：Cウイルスに感染していない

として、%を分数で表すと、次の表になります。

	事象A （P検査で陽性）	事象B （P検査で陰性）
事象C： Cウイルスに感染 $P(C) = \dfrac{1}{10000}$	$\dfrac{60}{100}$	$\dfrac{40}{100}$
事象D： Cウイルスに感染 していない $P(D) = \dfrac{9999}{10000}$	$\dfrac{10}{100}$	$\dfrac{90}{100}$

例題の文からわかっているのは、

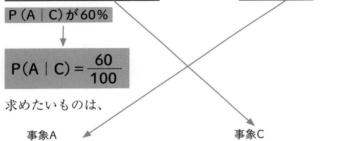

事象C
Cウイルスに感染している人に対して、P検査で陽性の確率
事象A

P(A | C)が60%

$$P(A \mid C) = \frac{60}{100}$$

求めたいものは、

事象A
P検査で陽性の人に対して、Cウイルスに感染している確率
事象C

P(C | A)

です。まずは条件を数式にしていきます。

事象C
Cウイルスに感染している人の割合は0.01%より、

$$P(C) = \frac{1}{10000}$$

事象D
Cウイルスに感染していない人の割合は、

$$P(D) = \frac{9999}{10000}$$

事象A
P検査で陽性になる確率P(A)は、2つあり、

① Cウイルスに感染している人が、P検査で陽性

$$\frac{1}{10000} \times \frac{60}{100}$$

② Cウイルスに感染していない人が、P検査で陽性

$$\frac{9999}{10000} \times \frac{10}{100}$$

	事象A （P検査で陽性）	事象B （P検査で陰性）
事象C： Cウイルスに感染 P(C) = $\frac{1}{10000}$	$\frac{60}{100}$	$\frac{40}{100}$
事象D： Cウイルスに感染 していない P(D) = $\frac{9999}{10000}$	$\frac{10}{100}$	$\frac{90}{100}$

この結果から、

$$P(A) = \frac{1}{10000} \times \frac{60}{100} + \frac{9999}{10000} \times \frac{10}{100}$$

$$P(A \mid C) = \frac{60}{100} 、 \quad P(C) = \frac{1}{10000} 、$$

$$P(A) = \frac{1}{10000} \times \frac{60}{100} + \frac{9999}{10000} \times \frac{10}{100}$$

と条件がそろったので、式にしていきましょう

$$P(C \mid A) = \frac{\overbrace{P(A \mid C)}^{\text{ひっくりかえす}} \times P(C)}{P(A)} = \frac{\dfrac{60}{100} \times \dfrac{1}{10000}}{\dfrac{1}{10000} \times \dfrac{60}{100} + \dfrac{9999}{10000} \times \dfrac{10}{100}}$$

この式の分母と分子を「×10000」すると、

$$P(C \mid A) = \frac{6}{6+9999} = \frac{6}{10005}$$

どこかで見たことがないでしょうか？

そうです。この式もまた、先ほど169ページで具体的に人数で計算した式と同じです。

まとめ

- 感度：正しく陽性と判定される確率
- 誤判定された陰性：偽陰性
- 特異度：正しく陰性と判定される確率
- 誤判定された陽性：偽陽性
- 罹患率が低い場合は、検査対象を絞る必要がある

「3囚人問題」
囚人Aは「助かる確率が上がった！」と喜べるか？

例題

囚人A　　　　囚人B　　　　　囚人C

　3人の囚人A、B、Cがおり、それぞれ別々の独房にいます。3人の囚人の罪は重く、全員処刑が決まっていましたが、ある日、3人のうち1人が恩赦を受けることになりました。誰が恩赦を受けて釈放されるのかはすでに決まっているのですが、囚人は知りません。そして、看守は、「誰が恩赦を受けられるのか」を囚人に教えることを禁じられています。この段階で囚人A、B、Cが恩赦を受け、助かる確率はそれぞれ$\frac{1}{3}$です。

　ここで囚人Aが看守に「自分は恩赦を受けるのかどうか」を尋ねましたが、看守は「規則上教えることはできない」と答えました。そこでAは、「3人のうち2人は処刑されるのだから、BかCのどちらかは処刑されるはず。その1人の名前を教えてほしい」と頼みました。それを聞いた看守は「それもそうだ」と納得し、Bが処刑されることを教えます。その看守の言葉を聞いて、Aは喜びました。

なぜなら、もともと自分が助かる確率は$\frac{1}{3}$だったのに、助かるのはA（自分）かCのどちらか2人に限定されたことになるからです。つまり、「自分が助かる確率は$\frac{1}{2}$に上がった」とAは推理したのです。ベイズの定理で計算すると、これは正しいのでしょうか？

事象A：囚人Aが恩赦を受ける
事象a：囚人Aが処刑になると看守が囚人Aに教える
事象B：囚人Bが恩赦を受ける
事象b：囚人Bが処刑になると看守が囚人Aに教える
事象C：囚人Cが恩赦を受ける
事象c：囚人Cが処刑になると看守が囚人Aに教える

としましょう。P（b｜A）、P（c｜A）、P（c｜B）、P（a｜B）、P（b｜C）、P（a｜C）、P（A）、P（B）、P（C）、P（b）を求め、最終的に、

囚人Bが処刑になると看守が囚人Aに教えるとき、<u>囚人Aが恩赦を受ける</u>確率：P（A｜b）
（事象b）　　　　　　　　　　　　　　　　（事象A）

囚人Bが処刑になると看守が囚人Aに教えるとき、<u>囚人Cが恩赦を受ける</u>確率：P（C｜b）
（事象b）　　　　　　　　　　　　　　　　（事象C）

を求めましょう。
　何も条件がないときは、Aが恩赦を受ける確率P（A）も、B

が恩赦を受ける確率P（B）も、Cが恩赦を受ける確率P（C）も同じなので、

$$P(A) = P(B) = P(C) = \frac{1}{3}$$

です。それでは、囚人A、囚人B、囚人Cがそれぞれ恩赦を受ける場合、確率はどう変化するのか、分けて考えていきましょう。

● 事象A：囚人Aが恩赦を受ける場合

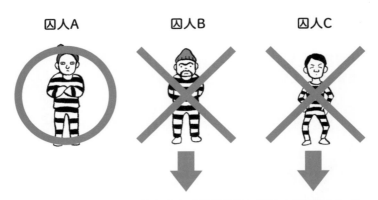

どちらかが処刑だと看守に教えられる

囚人Bと囚人Cは、どちらも処刑されるので、

b：囚人Bが処刑になると看守が囚人Aに教える

c：囚人Cが処刑になると看守が囚人Aに教える

という両方の可能性があります。そのため各々の確率は $\frac{1}{2}$ となります。

事象A　　　　　　　　　　　　　　　　事象b
囚人Aが恩赦を受ける場合、囚人Bが処刑になると看守が囚人Aに教える確率は $\frac{1}{2}$ なので、記号にすると、

$$P(b \mid A) = \frac{1}{2}$$

事象A　　　　　　　　　　　事象c
同様に、囚人Aが恩赦を受ける場合、囚人Cが処刑になると看守が囚人Aに教える確率は $\frac{1}{2}$ なので、記号にすると、

$$P(c \mid A) = \frac{1}{2}$$

● 事象B：囚人Bが恩赦を受ける場合

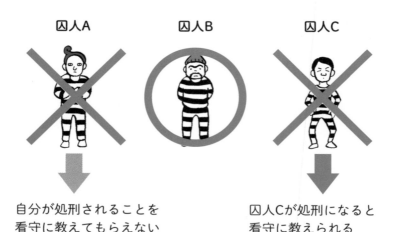

囚人A　　　　　　　囚人B　　　　　　　囚人C

自分が処刑されることを
看守に教えてもらえない

囚人Cが処刑になると
看守に教えられる

　囚人Aと囚人Cが処刑になりますが、看守は囚人Aに「あなたが処刑になる」とはいえません。また囚人Bは恩赦を受けるので、処刑になりません。そのため看守は「囚人Cが処刑になる」と教えますから、その確率は1です。

<u>囚人Bが恩赦を受ける場合</u>、<u>囚人Cが処刑になると看守が囚人Aに教える確率は1</u>なので、記号にすると、

事象B　　　　　　　　　　　　　　　　　事象c

$$P(c \mid B) = 1$$

<u>囚人Bが恩赦を受ける場合</u>、<u>囚人Aが処刑になると看守が囚人Aに教えることはできない</u>ので、記号にすると、

事象B　　　　　　　　　　　　　　　　　事象a

$$P(a \mid B) = 0$$

● 事象C：囚人Cが恩赦を受ける場合

囚人A　　　　　　囚人B　　　　　　囚人C

自分が処刑される
ことを看守に教え
てもらえない

囚人Bが処刑になると
看守に教えられる

　これは、前の場合と同じです。囚人Aと囚人Bが処刑になり
ますが、看守が囚人Aに「あなたが処刑になる」とはいえません。
囚人Cは恩赦を受けるので、処刑になりません。そのため、看
守は「囚人Bが処刑になる」と教えますから、その確率は1です。

　　　　事象C　　　　　　　　　　　　事象b
<u>囚人Cが恩赦を受ける場合</u>、<u>囚人Bが処刑になると看守が囚人</u>
<u>Aに教える確率は1</u>なので、記号にすると、

$$P(b \mid C) = 1$$

　　　　事象C　　　　　　　　　　　　事象a
<u>囚人Cが恩赦を受ける場合</u>、<u>囚人Aが処刑になると看守が囚人</u>
<u>Aに教えることはできない</u>ので、記号にすると

$$P(a \mid C) = 0$$

P（b）は、囚人Bが処刑になると看守が囚人Aに教える確率で、次の3つの場合があります。

① : Aが恩赦を受けるとき、Bが処刑になると看守が囚人Aに教える

$$P(A) = \frac{1}{3} \qquad P(b \mid A) = \frac{1}{2}$$

② : Bが恩赦を受けるとき、Bが処刑になると看守が囚人Aに教える

$$P(B) = \frac{1}{3} \qquad P(b \mid B) = 0$$

③ : Cが恩赦を受けるとき、Bが処刑になると看守が囚人Aに教える

$$P(C) = \frac{1}{3} \qquad P(b \mid C) = 1$$

$$P(b) = \underbrace{\frac{1}{3} \times \frac{1}{2}}_{①} + \underbrace{\frac{1}{3} \times 0}_{②} + \underbrace{\frac{1}{3} \times 1}_{③} = \frac{1}{6} + \frac{1}{3} = \frac{1}{2}$$

これを記号にすると、

$$P(b) = \underbrace{P(A) \times P(b \mid A)}_{①} + \underbrace{P(B) \times P(b \mid B)}_{②} + \underbrace{P(C) \times P(b \mid C)}_{③}$$

です。これで準備が整いました。

●Aが恩赦を受けられる確率は $\frac{1}{3}$ のまま

それでは、<u>囚人Bが処刑になると看守が囚人Aに教えるとき</u>、
（事象b）

<u>囚人Aが恩赦を受ける確率</u>：P（A｜b）を求めてみましょう。
（事象A）

$$P(A) = \frac{1}{3}、\quad P(b) = \frac{1}{2}、\quad P(b｜A) = \frac{1}{2}$$

より、

ひっくりかえす

$$P(A｜b) = \frac{P(b｜A) \times P(A)}{P(b)} = \frac{\frac{1}{2} \times \frac{1}{3}}{\frac{1}{2}} = \frac{1}{3}$$

●Cが恩赦を受けられる確率は $\frac{1}{3}$ から $\frac{2}{3}$ に上昇

続いて、<u>囚人Bが処刑になると看守が囚人Aに教えるとき</u>、
（事象b）

<u>囚人Cが恩赦を受ける確率</u>：P（C｜b）を求めてみましょう。
（事象C）

$$P(C) = \frac{1}{3}、\quad P(b) = \frac{1}{2}、\quad P(b｜C) = 1$$

より

$$P(C \mid b) = \frac{P(b \mid C) \times P(C)}{P(b)} = \frac{1 \times \dfrac{1}{3}}{\dfrac{1}{2}} = \frac{2}{3}$$

ひっくりかえす

注：P(B | b)はありえないので省略しています。

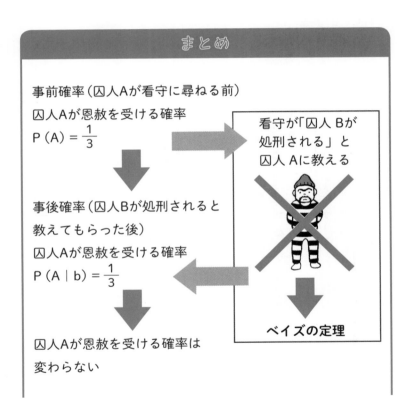

まとめ

事前確率（囚人Aが看守に尋ねる前）
囚人Aが恩赦を受ける確率
$P(A) = \dfrac{1}{3}$

看守が「囚人 Bが
処刑される」と
囚人 Aに教える

事後確率（囚人Bが処刑されると
教えてもらった後）
囚人Aが恩赦を受ける確率
$P(A \mid b) = \dfrac{1}{3}$

ベイズの定理

囚人Aが恩赦を受ける確率は
変わらない

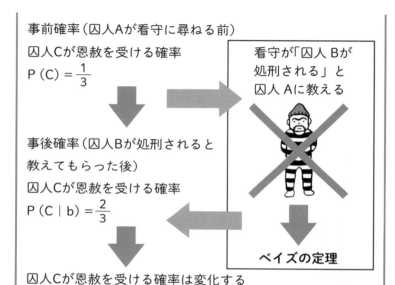

事前確率（囚人Aが看守に尋ねる前）

囚人Cが恩赦を受ける確率

$P(C) = \dfrac{1}{3}$

看守が「囚人 Bが
処刑される」と
囚人 Aに教える

事後確率（囚人Bが処刑されると

教えてもらった後）

囚人Cが恩赦を受ける確率

$P(C \mid b) = \dfrac{2}{3}$

ベイズの定理

囚人Cが恩赦を受ける確率は変化する

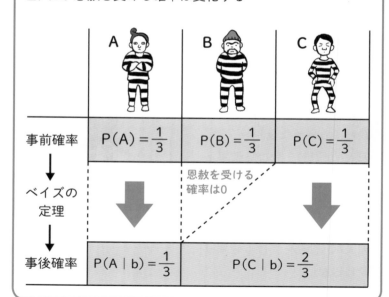

	A	B	C
事前確率	$P(A) = \dfrac{1}{3}$	$P(B) = \dfrac{1}{3}$	$P(C) = \dfrac{1}{3}$
ベイズの定理		恩赦を受ける確率は0	
事後確率	$P(A \mid b) = \dfrac{1}{3}$	$P(C \mid b) = \dfrac{2}{3}$	

「飛行機の墜落原因」問題
事故の原因がエンジン故障だった確率は？

　もう1つ、例題でベイズの定理を使う練習をしてみましょう。慎重に事前準備をすれば、簡単に確率を求められます。

例題

　飛行中の航空機において発生するさまざまな不具合について、各不具合が起こる確率と、その不具合が起こったときに飛行機が墜落する確率を下の表の通りとします。また、事象Eを「飛行機が墜落する」とします。

　ある日、1機の航空機が洋上で墜落しました。機体は海の中に沈んでしまったので原因はわかりません。その原因が「エンジン故障」であった確率を求めてください。

		故障・ミスが起こる確率	飛行機が墜落する確率
事象A	機体故障	0.003	0.25
事象B	エンジン故障	0.002	0.30
事象C	無線機故障	0.010	0.01
事象D	操縦のミス	0.001	0.90

求めるものは、<u>飛行機が墜落した</u>とき、<u>エンジン故障</u>が原因
であった確率であるP(B｜E)です。1つ1つ準備していきましょ
う。

<small>事象E</small>（飛行機が墜落したとき） <small>事象B</small>（エンジン故障）

P（A）は機体が故障する確率なので、 　　　　P（A）= 0.003

P（B）はエンジンが故障する確率なので、　　 P（B）= 0.002

P（C）は無線機が故障する確率なので、　　　 P（C）= 0.010

P（D）は操縦ミスをする確率なので、　　　　 P（D）= 0.001

　飛行機が<u>墜落する</u>確率P（E）は4つあります。それぞれ求め
ると、

<u>機体が故障し</u>、<u>墜落する</u>確率P（E｜A）：0.003 × 0.25 = 0.00075
<small>事象A</small>　　　　<small>事象E</small>

<u>エンジンが故障し</u>、<u>墜落する</u>確率P（E｜B）：
<small>事象B</small>　　　　　<small>事象E</small>

0.002 × 0.30 = 0.00060

<u>無線機が故障し</u>、<u>墜落する</u>確率P（E｜C）：
<small>事象C</small>　　　　<small>事象E</small>

0.010 × 0.01 = 0.00010

<u>操縦ミスをして</u>、<u>墜落する</u>確率P（E｜D）：
<small>事象D</small>　　　　<small>事象E</small>

0.001 × 0.90 = 0.00090

よって、

$$P(E) = 0.00075 + 0.00060 + 0.00010 + 0.00090$$
$$= 0.00235$$

この結果から、飛行機が墜落したとき、エンジン故障が原因
　　　　　　　　事象E　　　　　　　　　　　　事象B
だった確率は、

$$P(B \mid E) = \frac{P(E \mid B) \times P(B)}{P(E)} = \frac{0.30 \times 0.002}{0.00235} = \frac{12}{47}$$

ひっくりかえす

と求めることができます。参考までに、他(機体故障、無線機
故障、操縦ミス)が原因だった場合も紹介します。

飛行機が墜落したとき、機体故障が原因だった確率$P(A \mid E)$は、
　　事象E　　　　　　　　事象A

$$P(A) = 0.003、 P(E \mid A) = 0.25、 P(E) = 0.00235$$

$$P(A \mid E) = \frac{P(E \mid A) \times P(A)}{P(E)} = \frac{0.25 \times 0.003}{0.00235} = \frac{15}{47}$$

事象E　　　　　　　事象C
飛行機が墜落したとき、無線機故障が原因だった確率P（C｜E）は、

$$P(C) = 0.01、P(E｜C) = 0.01、P(E) = 0.00235$$

$$P(C｜E) = \frac{P(E｜C) \times P(C)}{P(E)} = \frac{0.01 \times 0.01}{0.00235} = \frac{2}{47}$$

事象E　　　　　　　事象D
飛行機が墜落したとき、操縦ミスが原因だった確率P（D｜E）は、

$$P(D) = 0.001、P(E｜D) = 0.9、P(E) = 0.00235$$

$$P(D｜E) = \frac{P(E｜D) \times P(D)}{P(E)} = \frac{0.9 \times 0.001}{0.00235} = \frac{18}{47}$$

まとめ

・結果から原因を追及する際、ベイズの定理は効果的
・飛行機が墜落した原因を各々の数値数値（確率）で表すことができる
・前もってしっかり準備すれば、簡単に確率を求められる

第5章

「とりあえず」から
はじめていい
「理由不十分の原則」と
「ベイズ更新」

私たちが扱うものは事前に「データがある」とは限りません。そこでデータがないものを「仮置き」して、議論を進めていくのが「ベイズ更新」です。ベイズ更新は、沈没した潜水艦や墜落した航空機の発見にも実際に利用されてきました。ここでは、例題を使いながら、ベイズ更新を実感していきましょう。

「理由不十分の原則」って何だろう？

　「好き、嫌い、好き、嫌い、……」と花びらをちぎりながら、思いをはせる人が「自分のことを好きか、嫌いか」を占うのが花占いです。昔、占っていた人がいるかもしれません。しかし、この花占い、数学的に考えればとても「飛躍している」ところがあります。なぜなら、「好き、嫌い、好き、嫌い、……」と、好きと嫌いが同じ確率で起こっています。これは、思いをはせる相手が自分のことを好きである確率を「50％」と勝手に決めたことになるのです。

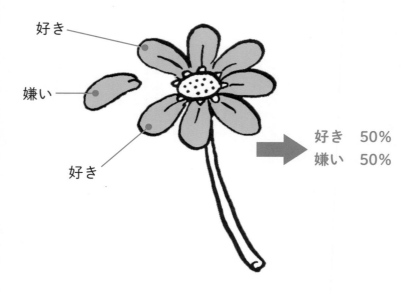

好き

嫌い

好き

好き　50％
嫌い　50％

　確率をこのように主観的に勝手に決めていいのでしょうか？
これが、ベイズの定理を使う場合は、いいのです。

　ベイズの定理を使うときは、この花占いのように条件や理由
が明確にそろっていないときもあります。そのときは「とりあ
えず」起こりうる確率が同じになるように事前確率を設定しま
す。これを「**理由不十分の原則**」といいます。なお、ベイズの
定理を使わない従来の確率で考える場合は、問題文に、

「好き、嫌いの確率をそれぞれ $\frac{1}{2}$ として考えるものとする」
「好き、嫌いの確率は同様に確からしいものとする」

のような条件が付いているはずです。

まとめ

・ベイズの定理では確率を主観的に決めていい
・事前確率が予測できなければ、とりあえず同じ確率にし
　ておく
・これを「理由不十分の原則」という

「壺から玉を取り出したら青玉だった」問題
時間の流れが逆になっている場合はどうする？

　ここでは、時間の流れが普通とは逆になっている問題を解いてみましょう。

例題

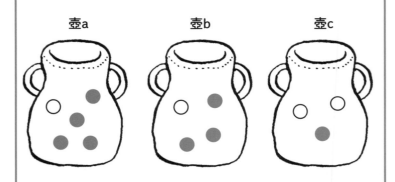

壺a　　　　　　　壺b　　　　　　　壺c

　外からは区別のつかない壺a、b、cがあります。壺aには白玉が1個、青玉が4個入っています。壺bには白玉が1個、青玉が3個入っています。壺cには白玉が2個、青玉が1個入っています。これら3つの壺a, b、cの1つを選択し、その壺から玉を1つ取り出したら青玉でした。この青玉が壺aから取り出された確率、壺bから取り出された確率、壺cから取り出された確率をそれぞれ求めてください。

事象A：壺から青玉を１つ取り出す

事象a：壺aを選ぶ

事象b：壺bを選ぶ

事象c：壺cを選ぶ

とします。

例題で求められているものの１つは「壺から玉を１つ取り出し

事象A

たら青玉 → 壺aから取り出された確率」です。この確率から考

事象a

えていきましょう。

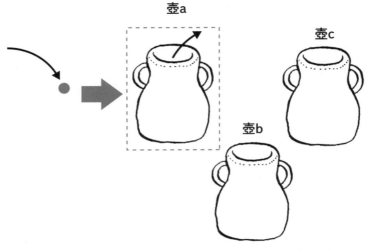

壺a

壺c

壺b

これは、普通と時間が逆になっています。普通は壺aを選ん

事象a

事象A
<u>だとき、青玉を取り出す確率</u>です。

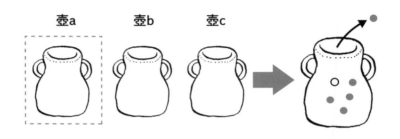

　時間の流れが普段と逆になっているこの状況で確率を求める
には、ベイズの定理を使います。

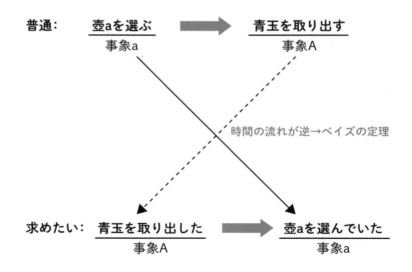

　例題には「取り出したら青だった」とありますが、壺aから取り出したのか、壺bから取り出したのか、壺cから取り出したのかは書いてありません。そこで、理由不十分の原則から、壺a、壺b、壺cを選ぶ確率を、同じ $\frac{1}{3}$ とします。

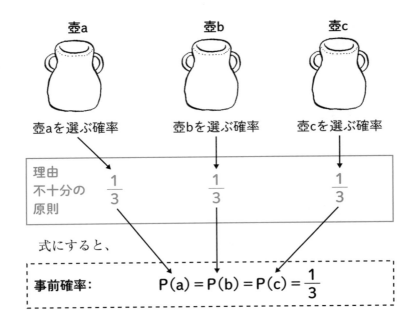

壺a　　　　　　　　壺b　　　　　　　　壺c

壺aを選ぶ確率　　　壺bを選ぶ確率　　　壺cを選ぶ確率

理由
不十分の　　　$\frac{1}{3}$　　　　$\frac{1}{3}$　　　　$\frac{1}{3}$
原則

　式にすると、

事前確率：　　　$P(a) = P(b) = P(c) = \frac{1}{3}$

です。
　次に青玉を取り出す確率を求めます。青玉は壺a、壺b、壺cのどれから取り出すかで確率が変わってくるので、各々求めていきましょう。

① 事象a　　　　　事象A
　　壺aを選び、青玉を取り出す確率

$$P(a) \times P(A \mid a) = \frac{1}{3} \times \frac{4}{5}$$

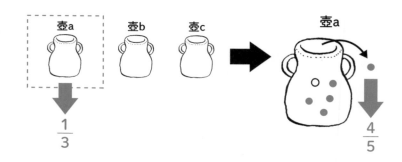

② 事象b　　　　　事象A
　　壺bを選び、青玉を取り出す確率

$$P(b) \times P(A \mid b) = \frac{1}{3} \times \frac{3}{4}$$

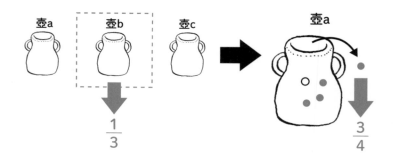

③ <u>壺cを選び、</u><u>青玉を取り出す</u>確率
事象c　　　　事象A

$$P(c) \times P(A \mid c) = \frac{1}{3} \times \frac{1}{3}$$

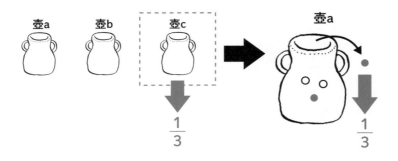

①、②、③から、<u>青玉を取り出す確率</u>P (A) は、
事象A

$$P(A) = \underbrace{\frac{1}{3} \times \frac{4}{5}}_{①} + \underbrace{\frac{1}{3} \times \frac{3}{4}}_{②} + \underbrace{\frac{1}{3} \times \frac{1}{3}}_{③}$$

$$= \frac{4}{15} + \frac{1}{4} + \frac{1}{9} = \frac{48}{180} + \frac{45}{180} + \frac{20}{180} = \frac{113}{180}$$

<u>壺から青玉を1つ取り出したとき</u>、それが<u>壺aから取り出さ</u>
事象A　　　　　　　　　　　　　　　　　　　事象a
<u>れた確率</u>：P (a ∣ A) は、

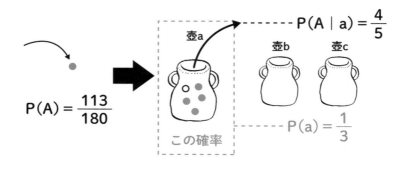

$$P(A) = \frac{113}{180}$$

壺a $P(A \mid a) = \frac{4}{5}$

壺b 壺c

この確率 $P(a) = \frac{1}{3}$

$$P(a \mid A) = \frac{\overbrace{P(A \mid a) \times P(a)}^{\text{ひっくりかえす}}}{P(A)} = \frac{\frac{4}{5} \times \frac{1}{3}}{\frac{113}{180}}$$

$$= \frac{4}{15} \times \frac{180}{113} = \frac{48}{113}$$

同様に、壺から青玉を1つ取り出したとき、それが壺bから取り出された確率：P(b | A)は、

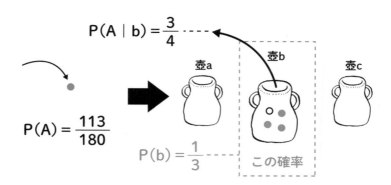

$$P(A \mid b) = \frac{3}{4}$$

壺a 壺b 壺c

$$P(A) = \frac{113}{180}$$

$$P(b) = \frac{1}{3}$$ この確率

$$P(b \mid A) = \frac{P(A \mid b) \times P(b)}{P(A)} = \frac{\frac{3}{4} \times \frac{1}{3}}{\frac{113}{180}}$$

$$= \frac{1}{4} \times \frac{180}{113} = \frac{45}{113}$$

最後に、壷から青玉を1つ取り出したとき、それが壷cから取り出された確率：P(c | A) は、

$$P(A \mid c) = \frac{1}{3}$$

壷a 壷b 壷c

この確率

$$P(A) = \frac{113}{180}$$

$$P(c) = \frac{1}{3}$$

$$P(c \mid A) = \frac{P(A \mid c) \times P(c)}{P(A)} = \frac{\frac{1}{3} \times \frac{1}{3}}{\frac{113}{180}}$$

$$= \frac{1}{9} \times \frac{180}{113} = \frac{20}{113}$$

まとめ

	壺a	壺b	壺c

理由不十分の原則:
壺 a、壺 b、壺 c を選ぶ確率を同じとする

	壺a	壺b	壺c
事前確率	$P(a) = \dfrac{1}{3}$	$P(b) = \dfrac{1}{3}$	$P(c) = \dfrac{1}{3}$
ベイズの定理	⬇	⬇	⬇
事後確率	$P(a \mid A) = \dfrac{48}{113}$	$P(b \mid A) = \dfrac{45}{113}$	$P(c \mid A) = \dfrac{20}{113}$

確率が次々と更新されていく「ベイズ更新」
刻一刻と変わる状況にも追随できる

　ここでは、具体的な問題を通して**ベイズ更新**を体感していきましょう。

　以下は例題ですが、実際に1968年、米海軍の原子力潜水艦「スコーピオン」が大西洋で消息を絶ったとき、ベイズ更新が用いられ、その結果、沈没した船体の一部が発見されたそうです。

例題

　潜水艦Sが大西洋で事故にあい、行方不明になりました。エリアAでの交信を最後に連絡が途絶えたのです。そこで捜索する海域をA、B、C、Dの4エリアに分割し、1つ1つのエリアを集中的に順番に捜索します。

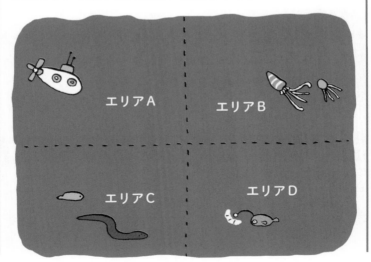

ベイズの定理を利用して効率的に捜索していきましょう。ベイズの定理に必要な事象を、

事象A：エリアAに潜水艦Sが沈んでいる
事象B：エリアBに潜水艦Sが沈んでいる
事象C：エリアCに潜水艦Sが沈んでいる
事象D：エリアDに潜水艦Sが沈んでいる
事象a：エリアAで潜水艦Sを発見できない
事象b：エリアBで潜水艦Sを発見できない
事象c：エリアCで潜水艦Sを発見できない
事象d：エリアDで潜水艦Sを発見できない

とします。

　　潜水艦Sが、エリアA、B、C、Dのどこに沈んでいるのか、その確率を考えることが大切です。エリアAで連絡が途絶えたので、エリアAに沈んでいる可能性が高そうです。各エリアで沈んでいる確率は次の通りとします。

潜水艦Sが沈んでいる確率				
エリア	A	B	C	D
確率	40%	10%	20%	30%

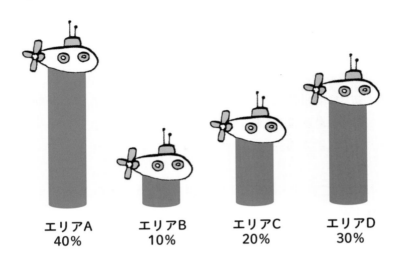

エリアA
40%

エリアB
10%

エリアC
20%

エリアD
30%

　次に、各探索エリアで発見できる確率を設定します。海底の条件から、エリアA、Bが比較的発見しやすく、エリアC、Dは発見しづらいとわかっているとしましょう。各エリアで発見できる確率を以下の通りとします。

潜水艦Sを発見できる確率				
エリア	A	B	C	D
発見の確率	30%	30%	10%	20%
未発見の確率	70%	70%	90%	80%

各々の事象の確率を式で表してみましょう。

エリアAに潜水艦Sが沈んでいる確率は、P（A）= 0.4
エリアBに潜水艦Sが沈んでいる確率は、P（B）= 0.1
エリアCに潜水艦Sが沈んでいる確率は、P（C）= 0.2
エリアDに潜水艦Sが沈んでいる確率は、P（D）= 0.3

エリアAに潜水艦Sが沈んでいるが、発見できない確率は、
P（a｜A）= 0.7
エリアBに潜水艦Sが沈んでいるが、発見できない確率は、
P（b｜B）= 0.7
エリアCに潜水艦Sが沈んでいるが、発見できない確率は、
P（c｜C）= 0.9
エリアDに潜水艦Sが沈んでいるが、発見できない確率は、
P（d｜D）= 0.8

　これらをもとに、まずは、沈んでいる確率が一番高いエリア
Aから考えていきましょう。エリアAで潜水艦Sが見つかれば
いいのですが、見つからない可能性もあります。ただし、潜水
艦Sが「見つからないから沈んでいない」とは限りません。「捜
索を続けるべきか？　別のエリアを探すべきか？」という岐路
に立たされます。そこでベイズの定理の出番です。まず、**エリ
アAで潜水艦Sが見つからなかったけれども、エリアAに沈んで
いる確率P（A｜a)を求めてみましょう**。その際、ベイズの定理

の分母P（a）、つまり、「潜水艦SがエリアAで発見できない確率」が必要になるのです。そこで、P（a）を求めていきましょう。

エリア	潜水艦Sが沈んでいる			
	A	B	C	D
沈んでいる確率	0.4	0.1	0.2	0.3

エリア	潜水艦Sが発見できる			
	A	B	C	D
発見の確率	0.3	0.3	0.1	0.2
未発見の確率	0.7	0.7	0.9	0.8

　潜水艦SがエリアAで発見できない場合、次の2つが考えられます。

① エリアAに潜水艦が沈んでいるが、発見できない
② エリアAに潜水艦が沈んでいないため、発見できない

$$P(a) = \underbrace{0.4 \times 0.7}_{①} + \underbrace{(1-0.4) \times 1}_{②} = 0.88$$

$$P(A \mid a) = \frac{P(a \mid A) \times P(A)}{P(a)} = \frac{0.7 \times 0.4}{0.88} = \frac{0.28}{0.88} \fallingdotseq 0.318$$

ひっくりかえす

これがエリアＡに潜水艦が沈んでいる事後確率P（A｜a）です。次に、残りのエリアB、C、Dの事後確率を求めます。エリアB、C、Dの確率は、全体からエリアＡで潜水艦が沈んでいる事後確率P（A｜a）=0.318を除いて考えます。

潜水艦Sが沈んでいる			
エリア	A	B	C	D
事前確率	0.4	0.1	0.2	0.3
事後確率	0.318			

$$1 - 0.318$$

　エリアBに潜水艦が沈んでいる事後確率P（B｜a）は、B、C、Dの事前確率（0.1と0.2と0.3）を配分して求めます。

潜水艦Sが沈んでいる			
エリア	A	B	C	D
事前確率	0.4	0.1	0.2	0.3
事後確率	0.318	P（B｜a）		

$$P(B \mid a) = (1 - 0.318) \times \frac{0.1}{0.1 + 0.2 + 0.3} = 0.682 \times \frac{1}{6} \fallingdotseq 0.114$$

同様に、エリアCに潜水艦が沈んでいる事後確率P（C｜a）は、

潜水艦Sが沈んでいる				
エリア	A	B	C	D
事前確率	0.4	0.1	0.2	0.3
事後確率	0.318	0.114	P（C｜a）	

$$P(C｜a) = (1 - 0.318) \times \frac{0.2}{0.1 + 0.2 + 0.3} = 0.682 \times \frac{2}{6} ≒ 0.227$$

最後に、エリアDに潜水艦が沈んでいる事後確率P（D｜a）は、

潜水艦Sが沈んでいる				
エリア	A	B	C	D
事前確率	0.4	0.1	0.2	0.3
事後確率	0.318	0.114	0.227	P（D｜a）

$$P(D｜a) = (1 - 0.318) \times \frac{0.3}{0.1 + 0.2 + 0.3} = 0.682 \times \frac{3}{6} = 0.341$$

　よって、事後確率をまとめると、

潜水艦Sが沈んでいる				
エリア	A	B	C	D
事前確率	0.4	0.1	0.2	0.3
事後確率	0.318	0.114	0.227	0.341

次では事前確率として利用

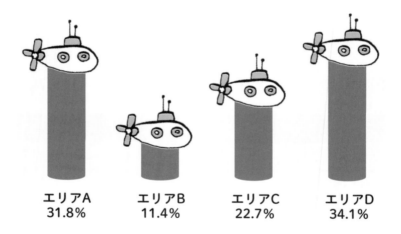

エリアA　　エリアB　　エリアC　　エリアD
31.8%　　11.4%　　22.7%　　34.1%

　この結果より、潜水艦が沈んでいる確率が一番高いのはエリアDとなるので、次はエリアDを調べます。エリアDで発見できればよいのですが、また見つからない可能性もあります。その確率をベイズの定理で求めますが、今回求めた事後確率を、

次では事前確率として用います。このように、アップデートされたデータを用いることで確率を更新することをベイズ更新といいます。

● ベイズ更新で確率をアップデートする

今回	潜水艦Sが沈んでいる			
エリア	A	B	C	D
事前確率	0.4	0.1	0.2	0.3
事後確率	0.318	0.114	0.227	0.341

次回	潜水艦Sが沈んでいる			
エリア	A	B	C	D
事前確率	0.318	0.114	0.227	0.341
事後確率	?	?	?	?

それでは、ベイズの定理を用いて次の事後確率を求めましょう。

	潜水艦Sが沈んでいる			
エリア	A	B	C	D
沈んでいる確率	0.318	0.114	0.227	0.341

	潜水艦Sが発見できる			
エリア	A	B	C	D
発見の確率	0.3	0.3	0.1	0.2
未発見の確率	0.7	0.7	0.9	0.8

　潜水艦SをエリアDで発見できない場合は、次の2つが考えられます。

①エリアDに潜水艦Sが沈んでいるが、発見できない
②エリアDに潜水艦Sが沈んでいないため、発見できない

$$P(d) = \underset{①}{\underline{0.341 \times 0.8}} + \underset{②}{\underline{(1 - 0.341) \times 1}} = 0.9318$$

ひっくりかえす

$$P(D \mid d) = \frac{P(d \mid D) \times P(D)}{P(d)} = \frac{0.8 \times 0.341}{0.9318} = \frac{0.2728}{0.9318} \fallingdotseq 0.293$$

　これが、エリアDに潜水艦Sが沈んでいる事後確率となります。そこで、残りのエリアA、B、Cの事後確率を求めます。エリアA、B、Cの確率は、全体からエリアDで潜水艦Sが沈んでいる事後確率を除き、配分して求めます。

潜水艦Sが沈んでいる				
エリア	A	B	C	D
事前確率	0.318	0.114	0.227	0.341
事後確率				0.293

$$1 - 0.293$$

潜水艦Sが沈んでいる				
エリア	A	B	C	D
事前確率	0.318	0.114	0.227	0.341
事後確率	P(A｜d)			0.293

$$P(A｜d) ≒ (1-0.293) × \frac{0.318}{0.318 + 0.114 + 0.227} ≒ 0.341$$

潜水艦Sが沈んでいる				
エリア	A	B	C	D
事前確率	0.318	0.114	0.227	0.341
事後確率	0.341	P(B｜d)		0.293

$$P(B｜d) ≒ (1-0.293) × \frac{0.114}{0.318 + 0.114 + 0.227} ≒ 0.122$$

潜水艦Sが沈んでいる				
エリア	A	B	C	D
事前確率	0.318	0.114	0.227	0.341
事後確率	0.341	0.122	P（C｜d）	0.293

$$P(C \mid d) \fallingdotseq (1 - 0.293) \times \frac{0.227}{0.318 + 0.114 + 0.227} \fallingdotseq 0.244$$

事後確率をまとめると、

潜水艦Sが沈んでいる				
エリア	A	B	C	D
事前確率	0.318	0.114	0.227	0.341
事後確率	0.341	0.122	0.244	0.293

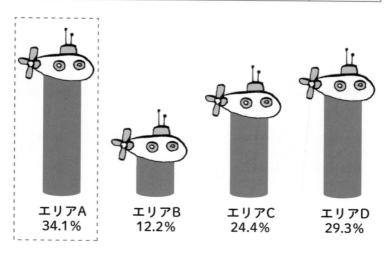

エリアA 34.1%　**エリアB** 12.2%　**エリアC** 24.4%　**エリアD** 29.3%

　再び、エリアAの確率が高くなりました。次はエリアAをもう一度調べることになります。もちろん、これで見つからない場合も考えられるので、この事後確率を使って、さらに見つからない確率も求めて探索していきます。

　今回は、3回目の探索で潜水艦が見つかったとしましょう。

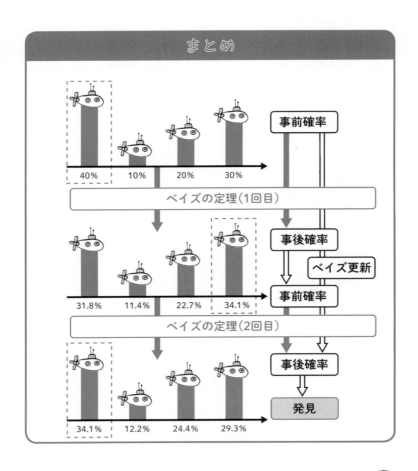

● 墜落場所がわからなくても数学的に正しい方法を使う

　2014年3月、マレーシア航空370便が消息を絶ち、どこに墜落したのか推測する際にもベイズ更新が用いられたとされています。ここでは簡略化して解説しますが、本質は同じです。

例題

　ある飛行機Fが大西洋で墜落しました。空域はエリアA、B、C、Dに分けられており、エリアAでの交信を最後に連絡が途絶えました。エリアを1つ1つ順に、集中的に捜索します。

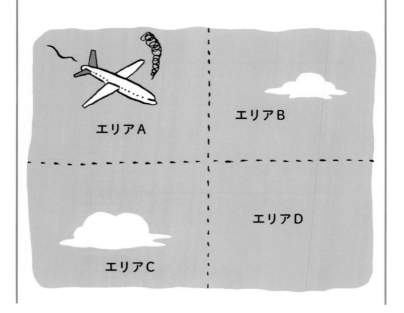

ベイズの定理を利用して効率的に捜索していきましょう。ベイズの定理に必要な事象を、

事象A：エリアAに飛行機Fが墜落している
事象B：エリアBに飛行機Fが墜落している
事象C：エリアCに飛行機Fが墜落している
事象D：エリアDに飛行機Fが墜落している
事象a：エリアAで飛行機Fを発見できない
事象b：エリアBで飛行機Fを発見できない
事象c：エリアCで飛行機Fを発見できない
事象d：エリアDで飛行機Fを発見できない

とします。

飛行機Fが、エリアA、B、C、Dのどこで墜落したのか、その確率を考えることが大切です。エリアAで交信が途絶えたので、エリアAで墜落した可能性が高そうです。各エリアで墜落している確率は次の通りとします。

飛行機Fが墜落している確率				
エリア	A	B	C	D
確率	40%	30%	10%	20%

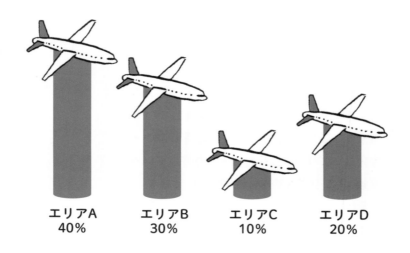

エリアA	エリアB	エリアC	エリアD
40%	30%	10%	20%

　次に、各探索エリアで発見できる確率を設定します。空域の条件から、エリアBが発見しやすく、エリアCが発見しずらいことがわかっているとしましょう。各エリアで発見できる確率を以下の通りとします。

飛行機Fを発見できる確率				
エリア	A	B	C	D
発見確率	20%	40%	10%	30%
未発見確率	80%	60%	90%	70%

　各々の事象の確率を求めてみましょう。

エリアAに飛行機Fが墜落している確率は、P(A) = 0.4
エリアBに飛行機Fが墜落している確率は、P(B) = 0.3
エリアCに飛行機Fが墜落している確率は、P(C) = 0.1
エリアDに飛行機Fが墜落している確率は、P(D) = 0.2

エリアAに飛行機Fが墜落しているが、発見できない確率は、
P(a | A) = 0.8
エリアBに飛行機Fが墜落しているが、発見できない確率は、
P(b | B) = 0.6
エリアCに飛行機Fが墜落しているが、発見できない確率は、
P(c | C) = 0.9
エリアDに飛行機Fが墜落しているが、発見できない確率は、
P(d | D) = 0.7

　まずは、確率が一番高いエリアAから考えていきましょう。
先ほどの潜水艦の例と同様に、エリアAで飛行機Fが見つから
なかったけれども、エリアAで墜落している確率を求めてみま
しょう。

　飛行機FがエリアAで発見できない確率P(a)を求めます。

エリア	飛行機Fが墜落している			
	A	B	C	D
墜落している確率	0.4	0.3	0.1	0.2

エリア	飛行機Fが発見できる			
	A	B	C	D
発見の確率	0.2	0.4	0.1	0.3
未発見の確率	0.8	0.6	0.9	0.7

① エリアAで飛行機Fが墜落しているが、発見できない場合

② エリアAで飛行機Fが墜落していないため、発見できない場合

があるので、

$$P(a) = \underbrace{0.4 \times 0.8}_{①} + \underbrace{(1-0.4) \times 1}_{②} = 0.92$$

$$P(A \mid a) = \frac{P(a \mid A) \times P(A)}{P(a)} = \frac{0.8 \times 0.4}{0.92} = \frac{0.32}{0.92} ≒ 0.348$$

ひっくりかえす

　これが、エリアAに飛行機Fが墜落した事後確率となります。次に、残りのエリアB、C、Dの事後確率を求めます。エリアB、C、Dの確率は、全体からエリアAに飛行機Fが墜落した事後確率P（A｜a）=0.348を除き、それぞれの事後確率（0.3と0.1と0.2）を配分して求めます。

飛行機Fが墜落している				
エリア	A	B	C	D
事前確率	0.4	0.3	0.1	0.2
事後確率	0.348			

$$1 - 0.348$$

飛行機Fが墜落している				
エリア	A	B	C	D
事前確率	0.4	0.3	0.1	0.2
事後確率	0.348	P(B | a)		

$$P(B \mid a) \fallingdotseq (1 - 0.348) \times \frac{0.3}{0.3 + 0.1 + 0.2} = 0.652 \times \frac{1}{2} = 0.326$$

飛行機Fが墜落している				
エリア	A	B	C	D
事前確率	0.4	0.3	0.1	0.2
事後確率	0.348	0.326	P(C | a)	

$$P(C \mid a) \fallingdotseq (1 - 0.348) \times \frac{0.1}{0.3 + 0.1 + 0.2} = 0.652 \times \frac{1}{6} \fallingdotseq 0.109$$

飛行機Fが墜落している				
エリア	A	B	C	D
事前確率	0.4	0.3	0.1	0.2
事後確率	0.348	0.326	0.109	P（D ｜ a）

$$P(D \mid a) \fallingdotseq (1 - 0.348) \times \frac{0.2}{0.3 + 0.1 + 0.2} = 0.652 \times \frac{1}{3} \fallingdotseq 0.217$$

よって、事後確率をまとめると、

飛行機Fが墜落している				
エリア	A	B	C	D
事前確率	0.4	0.1	0.2	0.3
事後確率	0.348	0.326	0.109	0.217

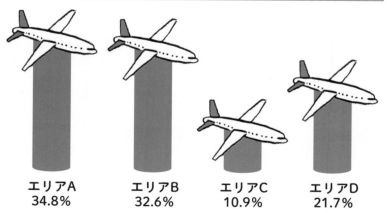

エリアA
34.8%

エリアB
32.6%

エリアC
10.9%

エリアD
21.7%

　この結果より、飛行機Fが墜落している確率が一番高いのは、再びエリアAとなるので、エリアAを再度調べます。先ほどと同じ理由でエリアAで見つからない可能性もあります。その際の確率をベイズの定理で調べましょう。先ほどの潜水艦の例と同じように、先ほど求めた事後確率を、次では事前確率として利用していきます。

今回	飛行機Fが墜落している			
エリア	A	B	C	D
事前確率	0.4	0.1	0.2	0.3
事後確率	0.348	0.326	0.109	0.217

次回	飛行機Fが墜落している			
エリア	A	B	C	D
事前確率	0.348	0.326	0.109	0.217
事後確率	?	?	?	?

	飛行機Fが墜落している			
エリア	A	B	C	D
墜落している確率	0.348	0.326	0.109	0.217

	飛行機Fが発見できる			
エリア	A	B	C	D
発見の確率	0.2	0.4	0.1	0.3
未発見の確率	0.8	0.6	0.9	0.7

飛行機FがエリアAで発見できない場合は、

① エリアAで飛行機Fが墜落したが、発見できない場合
② エリアAで飛行機Fが墜落していないため、発見できない場合

があるので、

$$P(a) = 0.348 \times 0.8 + (1 - 0.348) \times 1 = 0.9304$$

ひっくりかえす

$$P(A \mid a) = \frac{P(a \mid A) \times P(A)}{P(a)} = \frac{0.8 \times 0.348}{0.9304} = \frac{0.2784}{0.9304} \fallingdotseq 0.299$$

　これが、エリアAに飛行機Fが墜落している事後確率となります。

　この結果を用いて、残りのエリアB、C、Dの事後確率を求めます。エリアB、C、Dの事後確率は、全体からエリアAに墜落している事後確率P（A｜a）≒0.299を除き、配分して求めます。

飛行機Fが墜落している				
エリア	A	B	C	D
事前確率	0.348	0.326	0.109	0.217
事後確率	0.299			

$$1 - 0.299$$

飛行機Fが墜落している				
エリア	A	B	C	D
事前確率	0.348	0.326	0.109	0.217
事後確率	0.299	P（B｜a）		

$$P(B \mid a) \fallingdotseq (1 - 0.299) \times \frac{0.326}{0.326 + 0.109 + 0.217} \fallingdotseq 0.351$$

飛行機Fが墜落している				
エリア	A	B	C	D
事前確率	0.348	0.326	0.109	0.217
事後確率	0.299	0.351	P（C｜a）	

$$P(C \mid a) \fallingdotseq (1 - 0.299) \times \frac{0.109}{0.326 + 0.109 + 0.217} \fallingdotseq 0.117$$

飛行機Fが墜落している				
エリア	A	B	C	D
事前確率	0.348	0.326	0.109	0.217
事後確率	0.299	0.351	0.117	P（D｜a）

$$P(D \mid a) \fallingdotseq (1 - 0.299) \times \frac{0.217}{0.326 + 0.109 + 0.217} \fallingdotseq 0.233$$

　今度は、エリアBの確率が高くなりました。次はエリアBを調べることになります。もちろん、これで見つからない場合も考えられるので、この事後確率を使って、さらに見つからない確率も求めて探索していきます。

　今回は、3回目の探索で飛行機Fが見つかったとしましょう。

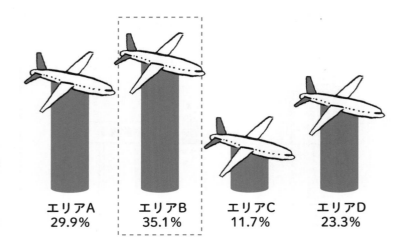

まとめ

エリアA 40% / エリアB 30% / エリアC 10% / エリアD 20%

事前確率

ベイズの定理（1回目）

エリアA 34.8% / エリアB 32.6% / エリアC 10.9% / エリアD 21.7%

事後確率

ベイズ更新

事前確率

ベイズの定理（2回目）

エリアA 29.9% / エリアB 35.1% / エリアC 11.7% / エリアD 23.3%

事後確率

発見

なぜ「迷惑メール」だけ狙い撃ちできるのか？
迷惑メールならではの特徴を確率に反映させる

　　意思を伝達するツールとしては「LINE」や「メッセンジャー」などのアプリがありますが、仕事においては電子メールの存在は欠かせません。便利な電子メールですが、私も含め多くの方が迷惑メールに悩まされていると思います。

　　近年は、通常のメールと見分けのつかない迷惑メール・スパムメールが増えてきましたが、毎日大量に届くメールを「これは通常のメール、これは迷惑メール……」と1通ずつ仕分けていたら大変です。

　　迷惑メール・スパムメールには、「詐欺のウェブサイトに誘導する」リンクなどが入っていたり、「無料」や「毎月安定収入100万円」「〜万円入金」といった特徴的な単語や言い回しが使われているケースが多く見られます。となると、このようなものが入っているメールは、迷惑メールである確率が高くなるはずです。迷惑メール対策機能は、この特性を利用して自動的に判定していきます。

例題

　　ここでは単純化して、リンクが入っているメール、「無料」という単語が入ったメールは「迷惑メールの可能性が高い」ものとして考えていきましょう。

　　事象A：普通メール

事象B：迷惑メール
事象a：リンクがある
事象b：「無料」という単語がある

とします。

・迷惑メールでリンクがある確率は70%、リンクがない確率は30%
・普通メールでリンクがある確率は10%、リンクがない確率は90%

　さらに、

・リンクがある迷惑メールで「無料」という単語がある確率は60%、単語がない確率は40%

・リンクがある普通メールで「無料」という単語がある確率は20%、単語がない確率は80%

とします。このとき、「リンクがあり、『無料』という単語もあるメールが迷惑メールである確率」はどのくらいになるのか考えてみましょう。

　リンクがあるメールを受け取ったとき、そのメールが普通メールなのか迷惑メールなのかはわかりません。そこで**理由不**

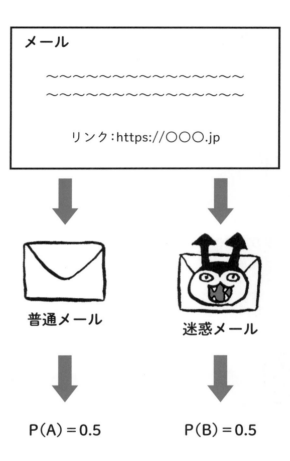

十分の原則から普通メール、迷惑メールである確率をどちらも
0.5とします。

　それぞれ、リンクがあるときの条件付き確率を求めてみると、

事象A　　　　　　　事象a
<u>普通メール</u>のとき、<u>リンクがある</u>確率は10%

より

P (a | A) = 0.1

https://○○○.jp　　　　**確率は0.1**

事象B　　　　　　　事象a
<u>迷惑メール</u>のとき、<u>リンクがある</u>確率は70%

より

P (a | B) = 0.7

https://○○○.jp　　　　**確率は0.7**

　これにより、リンクがある確率は、

① <u>普通メール</u>で<u>リンクがある</u>場合
② <u>迷惑メール</u>で<u>リンクがある</u>場合

　　　　　　　　　　　の2通りが考えられるので、

P (a) = **0.5** × **0.1** + <u>0.5</u> × <u>0.7</u> = 0.05 + 0.35 = 0.4

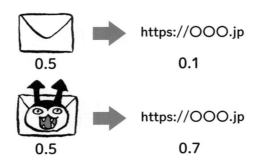

それでは、ベイズの定理を使って事後確率を求めていきましょう。

事象a 事象A
リンクがあるとき、普通のメールである確率は、

$$P(A \mid a) = \frac{P(a \mid A) \times P(A)}{P(a)} = \frac{0.1 \times 0.5}{0.4} = \frac{1}{8} = 0.125$$

事象a 事象B
リンクがあるとき、迷惑メールである確率は、

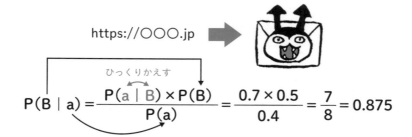

https://○○○.jp

ひっくりかえす

$$P(B \mid a) = \frac{P(a \mid B) \times P(B)}{P(a)} = \frac{0.7 \times 0.5}{0.4} = \frac{7}{8} = 0.875$$

よって、リンクがある場合は迷惑メールである確率が高まりました。

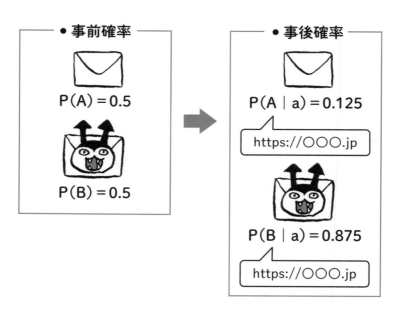

● 事前確率

$P(A) = 0.5$

$P(B) = 0.5$

● 事後確率

$P(A \mid a) = 0.125$

https://○○○.jp

$P(B \mid a) = 0.875$

https://○○○.jp

　さらに「無料」という単語があると、確率がどのくらい更新されるのか調べていきましょう。先ほど事後確率として求まったP（A｜a）= 0.125、P（B｜a）= 0.875を事前確率として考えていきます。

　　　　　　　　事象A　　　　　　　　　　　　　　　　　　　　　　　事象b
　リンクがある普通メールを受け取ったとき、「無料」という
単語がある確率は20％

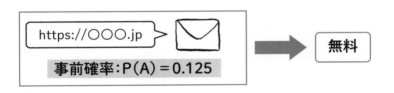

より、

P（b｜A）= 0.2

　　　　　　　　事象B　　　　　　　　　　　　　　　　　　　　　　　事象b
　リンクがある迷惑メールを受け取ったとき、「無料」という
単語がある確率は60％

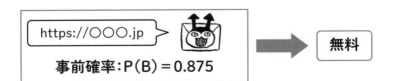

より、P (b | B) = 0.6

ここまでの結果から、「無料」という単語がある確率P (b) は、

① リンクがある普通メールで「無料」という単語がある場合
② リンクがある迷惑メールで「無料」という単語がある場合

の2通りが考えられるので、

P(b) = 0.125 × 0.2 + 0.875 × 0.6 = 0.025 + 0.525 = 0.55

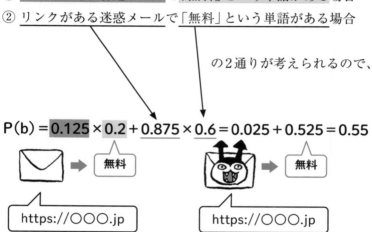

「無料」という単語があるとき、リンクがある普通メールである確率、つまり「無料」という単語とリンクがあるときに普通メールである確率は、

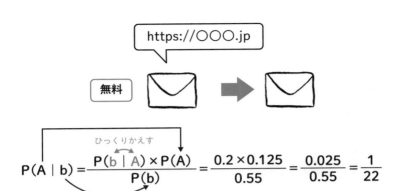

$$P(A \mid b) = \frac{P(b \mid A) \times P(A)}{P(b)} = \frac{0.2 \times 0.125}{0.55} = \frac{0.025}{0.55} = \frac{1}{22}$$

ひっくりかえす

「無料」という単語があるとき、リンクがある迷惑メールである確率、つまり「無料」という単語とリンクがあるときに迷惑メールである確率は、

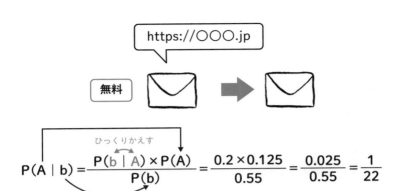

$$P(B \mid b) = \frac{P(b \mid B) \times P(B)}{P(b)} = \frac{0.6 \times 0.875}{0.55}$$

ひっくりかえす

$$= \frac{0.525}{0.55} = \frac{21}{22} \fallingdotseq 0.955$$

では、ここまでに得られた情報を使って、迷惑メールの確率をまとめていきましょう。

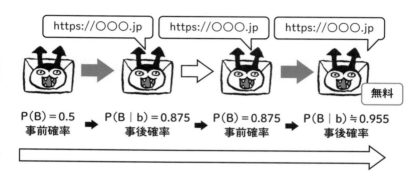

　迷惑メールである確率が0.5から0.875、0.955と更新されていきます。これは迷惑メールと判定できそうです。

　このように、単語などのデータで確率を更新（ベイズ更新）していくことで、迷惑メールを振り分けているのです。

まとめ

・迷惑メールの特徴を確率に織り込む

・理由不十分の原則で普通メール、迷惑メールの確率は0.5

・ベイズ更新で振り分けの精度を上げる

おわりに～統計学で命を守る

フローレンス・ナイチンゲール（1820 ～ 1910年）は、その献身的な看護から、「白衣の天使」と看護師が呼ばれる由来となりました。「ナース・コール」「ナース・ステーション」などの概念をつくったことから、ナイチンゲールに「看護師」のイメージを持つ方は多いと思います。

もちろん、その通りなのですが、彼女を看護師のイメージだけに留めるのはもったいない、と私は思います。

なぜなら、彼女が看護師として勤務したのは2年半で、看護以外にも大きな成果をあげたからです。

では、どのような成果かというと、数学、とりわけ命を守るための統計学です。

ナイチンゲールが統計学を活用するきっかけとなったのは、看護師として勤務していた2年半の間——1853年からのクリミア戦争（1853 ～ 1856年）でした。

このとき彼女は、看護師の責任者として野戦病院に赴きました。負傷兵の看護に当たる野戦病院で彼女を待っていたのは、地獄絵図のような残酷な光景でした。

病院内の公衆衛生環境は劣悪で、負傷兵からは悪臭が漂っていました。そのため、戦争による負傷よりも、感染症などで亡くなる兵士のほうが多かったのです。

そこでナイチンゲールは、治療を行う前に公衆衛生を改善す

る必要があると訴え、実践していきました。

　このとき、掃除、手洗い、換気など、現在では「当たり前」に行われていることを実践しています。

　この結果、野戦病院に着任した当初は42％もあった負傷兵の死亡率を、3カ月後には5％、最終的には2％にまで減少させたのです。統計学が命を救った瞬間が、確かにそこにはあったのです。

　ナイチンゲールはさまざまな困難を、統計学を用いながら実践し、結果を出して当たり前にしてきました。

　今、当たり前に行われていることは、最初から当たり前だったわけではありません。信念や覚悟を持って当たり前を確立した人がいるから、今でも残っているのです。

　手洗いについては、同年代にハンガリーの医師・センメルヴェイス・イグナーツが主張したものの、学術会からは「非科学的」と否定された経緯もあります。私たちの当たり前は歴史上、必ずしも当たり前に行われていたとは限らないのです。

　数学を勉強する理由はさまざまあります。数学には命を守る力もあります。本書を通してベイズ統計、そしてさらに統計全般にも興味を持っていただけたら幸いです。

　最後となりましたが、ビジュアル書籍編集部の石井顕一氏には前著から引き続き大変お世話になりました。この場をお借りして、厚くお礼申し上げます。

防衛省海上自衛隊小月教育航空隊数学教官　佐々木 淳

著者プロフィール

佐々木 淳（ささき じゅん）
1980年、宮城県仙台市生まれ。東京理科大学理学部第一部数学科卒業後、東北大学大学院理学研究科数学専攻修了。防衛省海上自衛隊数学教官。数学検定1級、算数・数学思考力検定（旧iML国際算数・数学思考力検定）1級、G検定（JDLA Deep Learning For GENERAL 2020# 2）取得。大学在学時から早稲田アカデミーで指導経験を積む。担当した中学2年生の最下位クラスでは、できる問題から「やってみせ」、反復演習「させてみて」、「ほめて」伸ばす山本五十六式メソッドで、自信をつけさせることに成功。開成・早慶付属校に毎年合格している選抜クラスの平均を超える偉業を達成。その後、代々木ゼミナールの最年少講師を経て現職。海上自衛隊では、数学教官としてパイロット候補生に対する入口教育の充実、発展に大きく尽力した功績が認められ、事務官等（事務官、技官、教官）では異例の3級賞詞※を受賞する。主な著書は『身近なアレを数学で説明してみる』（SBクリエイティブ）、『かけ算とわり算で面白いほどわかる微分積分』（ソーテック社）。『読売中高生新聞』のコーナー「リス（理数）る」も担当している。

※職務の遂行にあたり、特に著しい功績があった者、技術上優秀な発明や考案をした者などに授与される（表彰等に関する訓令 第2章 第5条）。

主要参考文献

● 雑誌
『Newton』2020年9月号「ベイズ統計超入門」、ニュートンプレス

● 書籍
大関真之／著『ベイズ推定入門』、オーム社、2018年
松原 望／著『ベイズ統計学』、創元社、2017年
一石 賢／著『意味がわかるベイズ統計学』、ベレ出版、2016年
藤田一弥／著、フォワードネットワーク／監修『見えないものをさぐる―それがベイズ』、オーム社、2015年
小島寛之／著『完全独習 ベイズ統計学入門』、ダイヤモンド社、2015年
涌井貞美／著『図解・ベイズ統計「超」入門』、SBクリエイティブ、2013年

いちばんやさしい
ベイズ統計入門
とう けい にゅう もん

2021年1月18日　初版第1刷発行

著 者	佐々木 淳	
発 行 者	小川 淳	
発 行 所	SBクリエイティブ株式会社	

〒106-0032　東京都港区六本木2-4-5
営業03(5549)1201

装 幀	渡辺 縁
編 集	石井顕一(SBクリエイティブ)
印刷・製本	株式会社シナノ パブリッシング プレス

本書をお読みになったご意見・ご感想を、下記URL、右記QRコードよりお寄せください。
https://isbn2.sbcr.jp/04400/